自然怪象

怪物种藏在哪里

GUAI WU ZHONG CANG ZAI NA LI

孙常福 / 编 著

中国大百科全书出版社

图书在版编目（CIP）数据

怪物种藏在哪里 / 孙常福编著. —北京：中国大百科全书出版社，2016.1
（探索发现之门）
ISBN 978-7-5000-9810-2

Ⅰ.①怪… Ⅱ.①孙… Ⅲ.①动物 – 青少年读物 Ⅳ.①Q95-49

中国版本图书馆CIP数据核字（2016）第 024466 号

责任编辑：韩小群
封面设计：大华文苑

出版发行：中国大百科全书出版社
（地址：北京阜成门北大街 17 号　邮政编码：100037　电话：010-88390718）
网址：http://www.ecph.com.cn
印刷：青岛乐喜力科技发展有限公司
开本：710 毫米 × 1000 毫米　1/16　印张：13　字数：200 千字
2016 年 1 月第 1 版　2019 年 1 月第 2 次印刷
书号：ISBN 978-7-5000-9810-2
定价：52.00 元

前言

自然世界丰富多彩，我们吃的、穿的、用的都取之于自然。大自然用水、空气及一切资源养育着我们。自然环境是我们赖以生存的、永远离不开的保障。资源有限，自然有情，我们要爱护环境、关心自然、亲近自然、认识自然。

我们每天享受着大自然所带给我们的一切，然而又有谁能够清楚地知道我们生活在其中的大自然究竟是什么样子？大自然中有着许许多多奇妙的现象，这是大自然的语言，也是大自然的面纱，只有细心的人才能知晓。

在自然世界里，生物多样性的特点决定了自然界充满了许多神奇物种。在全球范围内，奇异植物可谓数不胜数——有一叶障目的“神草”，

有会欣赏音乐及跳舞的植物，有能吃昆虫的花草……植物界真是多姿多彩，其中隐藏着无数疑问：葵花为什么总是围着太阳转？仙人掌为什么能在干旱的沙漠里生存？植物有性别之分吗？……

自然界物种千千万万，特别是在浩瀚的海洋中，蕴藏着丰富的生物资源，无奇不有，生动有趣。各种各样的物种或因环境变异，或因基因突变，呈现出缤纷多彩的生命体态。随着人类的探索发现，这些怪异物种逐渐被我们所认识，极大地丰富了人类的知识宝库。

在大自然中，微生物是一大类我们看不见的微小生物，通常要用光学显微镜和电子显微镜才能看清。微生物界是一个比人类世界要丰富得多的微观世界，包括细菌、病毒、真菌等。微生物虽然个体微小、结构简单，却有我们所不具备的强大本领：能够治理环境污染，可以为人类治病，能够制造粮食，甚至还可以提取金属……

人类一直没有停止探索和认识自然的脚步，探险的足迹几乎遍布全球，人们向大自然发起的一次又一次的挑战简直令人叹为观止。有人闯荡杳无人迹的海角天涯；有人九死一生去探索未曾有人涉足的高山大川；更有人因为意外，面临绝境仍矢志不渝。总之，自然无限，探索无尽。

大自然的神奇力量塑造了地球的面貌、主宰着四季的变化，既混沌有序，又相互影响。大自然所隐藏的奥秘无穷无尽，真是无奇不有、怪事迭出、奥妙无穷、神秘莫测。许许多多的难解之谜使我们对自己的生存环境捉摸不透。破解这些谜团，有助于人类社会向更高层次不断迈进。

为了普及科学知识，激励广大读者认识和探索大自然的无穷奥妙，我们根据中外最新研究成果，编写了本套丛书。本丛书主要包括植物、动物、探险、灾难等内容，具有很强的系统性、科学性、可读性和新奇性。

本丛书内容精炼、通俗易懂、图文并茂、形象生动，能够培养人们对科学的兴趣和爱好，是广大读者增长知识、开阔视野、提高素质的良好科普读物。

Contents 目录

发现新物种

探秘活化石

解析珍稀物种

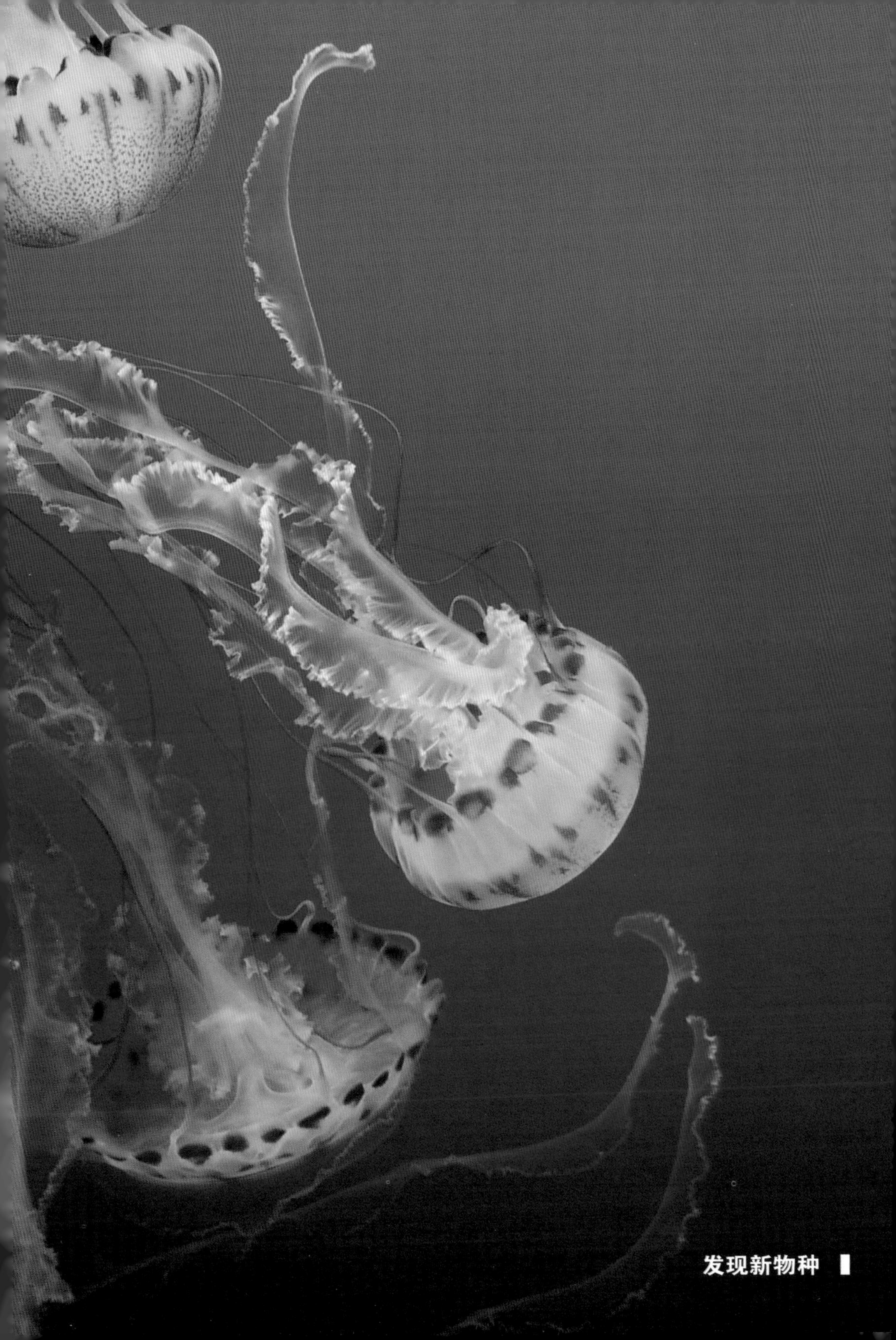

Bi Zhi Jia Hai Xiao De Xiu Zhen Wa 比指甲还小的袖珍蛙

惊现大片小青蛙

2005年6月9日，北京市小汤山镇马坊村鱼塘附近的街道上、空地上、墙边、土堆里、杂草丛中、村民家的院子里，到处都是不停跳动的小青蛙，黑压压一大片，隐约还有一股腥臭的气味。

每当有行人或汽车经过后，路面上就会留下几十甚至几百只小青蛙的尸体。这些小青蛙身长不足一厘米，还没有人的指甲大，通体灰褐色。只要一有人走近，这些小青蛙就会争先恐后地跳向远处。令人不解的是，这么多小青蛙同时出现在路面上，竟然不见一只大青蛙。在这里住了几十年的一位大爷说，他从来没看到过这样的现象，以前下过雨后也会有青蛙蹦到路面上来，但像现在数量这么多还是第一次。

小青蛙的数量很多

一位居住在鱼塘附近的村民介绍说："这种大片小青蛙聚集路面的情况已经持续两三天了，尤其在6月8

怪物种名片

名称：袖珍蛙
类别：动物
特征：身长不足一厘米
发现地点：北京小汤山
发现时间：2005年

日，小青蛙的数量最多。我整天都要不停地扫院子，如果不扫，就根本没有地方下脚走路”。

尽管这个村民扫的速度快，但是小青蛙群出现的速度更快，没多一会儿，院子里就又满地全是。光他家一天就扫出去好几簸箕。

为了防止小青蛙跳入院中，还有的村民在家门前拦上高高的的木板，

即使这样，还会有少数的小青蛙爬进院中。

这位村民还说，6月9日小青蛙的数量已经少了很多，还不及6月8日的1/5。6月8日，这些小蛙群就好像在表演特技一样，上下叠了好几层，最多的地方能有七八厘米厚，让人一看直起鸡皮疙瘩。

是不是青蛙

面对这成千上万的袖珍生物，村民们的心中充满了疑惑，甚至有人认为这些“不速之客”并不是青蛙。

有位村民说：“这些小青蛙从个头上看要明显小于常见的小青蛙。而且一般情况下，像这样大小的青蛙应该还没有完全变态，所以身后应该是有尾巴的，而且头应该更大一点，更接近蝌蚪的形状，像这么小的又没有尾巴的青蛙，真是不多见。”

而且比较奇怪的是，这些小青蛙只在鱼塘东侧附近的路面、草丛和村民家中出现，隔了条东西向的街道，路南的村民家中，小青蛙的数量就非常少。

有人带着几只小青蛙的样品向北京农学院生物技术科学系王老师进行

了咨询。王老师说，这些小青蛙与一般小青蛙相比的确略显娇小，但蛙类的种类繁多，所以在形态外表等方面也会存在一定的差异。但可以肯定的是，这些小东西也是蛙类中的一员，如需确定它们到底属于哪一种蛙类，尚需进一步进行鉴定。

再次发现袖珍蛙

2011年的8月26日，重庆市的武隆县水产站技术人员在一个乡境内一棘腹蛙养殖场内，发现一种仅有筷子头般大小的袖珍蛙。这种蛙的体细长而扁，后肢长，指、趾间有发达的蹼；趾下呈吸盘状；趾、蹼呈半透明状，袖珍蛙在草丛中攀附、跳跃。

在蛙体平俯状态下观察，可见蛙头、背表面及大腿背部光滑，呈翠绿色，头、背、腿背部边缘以下呈暗灰色并有小的白色疣状物。后来，经过初步鉴定，确认这种袖珍蛙为树蛙。根据有关资料介绍，树蛙种类很多，分布于亚洲东部和东南部亚热带和热带湿润地区，我国就有树蛙29种。武隆县发现的属于哪种树蛙，还有待鉴定。

Chang Sheng Bu Lao De Deng Ta Shui Mu
长生不老的灯塔水母

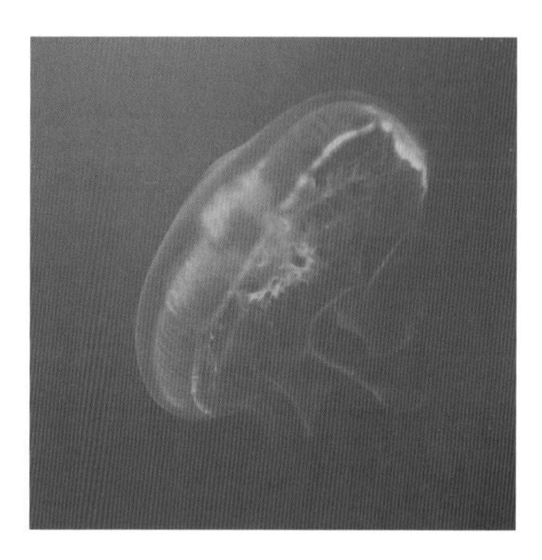

发现灯塔水母

一般的水母通常会在繁殖下一代后死亡，但有一种水母在达到性成熟阶段之后，又会重新回到年轻阶段，开始另一次生命。这种能使自己返老还童的神奇生物，叫灯塔水母。

灯塔水母最开始是在加勒比海被发现的，由于其在繁殖过程中个体不会减少，数量迅速增多，因而会扩散到所有的海洋。

这种灯塔水母长约四五毫米。通常情况下，水母繁殖完下

怪物种名片

名称：灯塔水母
类别：动物
特征：能返老还童
繁殖方式：无性繁殖
发现地点：加勒比海

一代后就会死亡，但灯塔水母性成熟之后却可以“返老还童”，重新回到幼虫状态，然后继续成长，开始另一次生命历程。

从理论上来说，灯塔水母可以无限制地进行这种“返老还童”的循环，从而达到永生不死的目的——当然，这个目的要实现，它们首先得保证自己在海洋中不被其他掠食动物吃掉。

灯塔水母的不死之躯

灯塔水母属于水螅虫纲，是一种主要以更小微生物为主要食物的捕食性生物，采用无性繁殖方式，多生活在热带海域。

科学家们指出，灯塔水母是目前世界上唯一发现的能够从性成熟阶段回复到幼虫阶段的生物。据一位长期从事灯塔水母研究的科学家介绍，他观察了大约4000条灯塔水母，结果显示，它们全都能“返老还童”，没有因自身原因死亡过一条。

至于灯塔水母究竟是如何完成“返老还童”这一神奇过程的，其中的谜团还有待于海洋生物学家和遗传学家们进行解答。

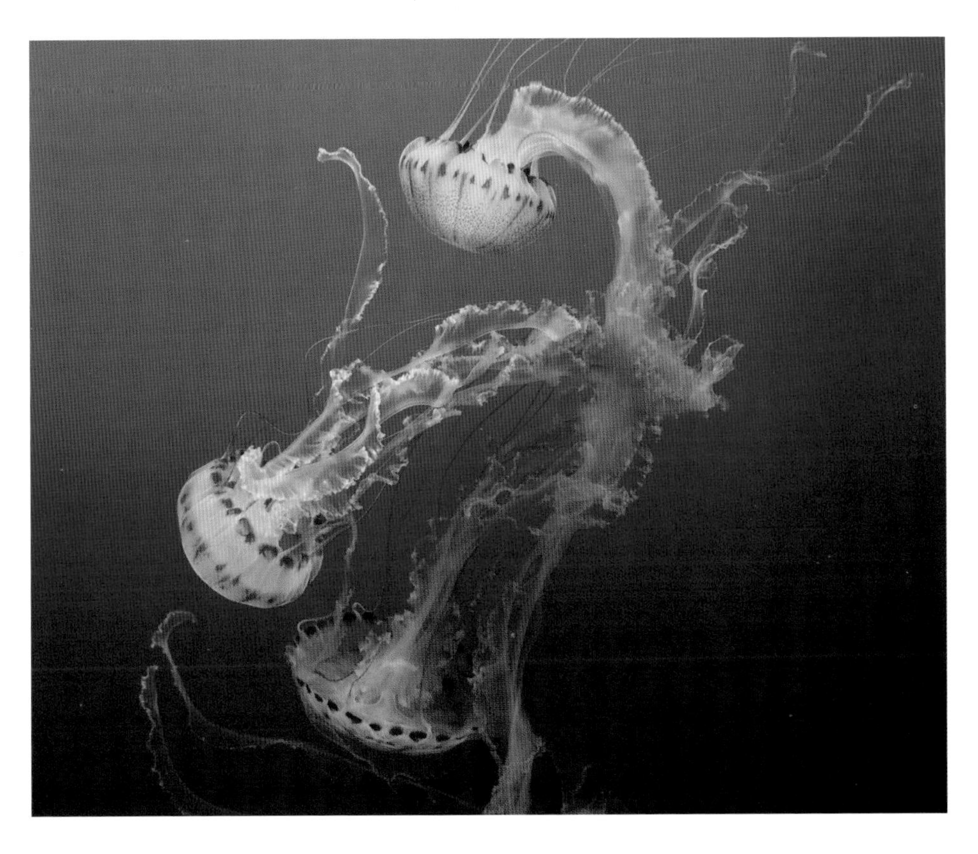

Xi Qi Gu Guai De Ren Mian Zhi WU 稀奇古怪的人面植物

怪物种名片

名称：人面果
类别：植物
特征：长有像人一样的眼、鼻、眉
繁殖方式：3月开花、5月结果
发现地点：非洲肯尼亚东部

人面果

在东部非洲肯尼亚的东部，生长一种奇特的水果，果实上呈扁圆形。奇特的是果子前面是银白色，后面是赤黄色。果实上有些突出的果疤，恰似人脸上的眼、鼻、眉，而且分布的也如人的五官一样匀称。因此整个果实看起来仿佛是一张人脸。人们称它为“人面果”。人面果是一种叫“婆其格利德树”的果实。这种树每年3月开花，5月结出拳头大的果实。每当收获季节，那压满枝头的累累果实犹如枝叶扶疏间的一张小脸，特别惹人喜爱。

人面花

人面花，学名为“三色堇”，原本生长在欧洲中北部地区。成熟植株高0.15米至0.25米，叶片表面光亮平滑，呈现倒卵形，深绿色，叶缘为波浪状。

花茎由顶部或腋部抽出，集中在每年冬、春两季开花，每朵花有5瓣，颜色有白、黄、紫、蓝、红多种颜色。由于花色深浅搭配，加上花瓣纹路变化，

因此让人看起来有一种错觉，有时看似人面，有时又像猫脸，所以被人们称作“猫脸花”、“鬼面花”。三色堇花姿优雅，花色绚丽耀眼，具有层次感的花瓣宛若彩蝶，每次微风轻拂，常随风翩翩起舞，优美迷人。

关于这种花还有个美丽的希腊神话故事，爱神丘比特在射箭时，不慎因风向关系将箭射偏了，不小心射中了白堇花，白堇花因而血泪交流，血泪干掉之后白堇花变成了3种颜色，因此这种花也成了爱情的美丽使者。

怪物种名片

名称：人面花
类别：植物
特征：花瓣像人脸
开花季节：冬、春两季开花
发现地点：欧洲中北部

奇特、艳丽的植物人面花

Ke Long
Fan Yan Hou Dai
De Xi Yi

克隆
繁衍后代的蜥蜴

发现新物种

在越南的餐馆里有一道特色的菜，这种特色菜的原料是一种未知蜥蜴的新物种。但科学家最新研究发现，这种蜥蜴是罕见的单性繁殖动物。这一新物种蜥蜴并不是平常的爬行动物，雌性蜥蜴完全可通过克隆进行后代繁衍，无须雄性蜥蜴交配。

美国加利福尼亚州拉瑞那大学爬虫学家李・格瑞斯莫尔协助研究人员

鉴别出这一新物种，他说：“越南居民已食用大量的这种蜥蜴，在湄公河三角洲部分地区，当地餐馆以这种单性蜥蜴作为一道特色菜，我们是在偶然之中才发现它们。”

捕捉新物种

格瑞斯莫尔的越南同事吴文智是越南科技学院研究人员，他发现巴地头顿省的餐馆里出售一种奇特的活蜥蜴。

吴文智看到这种蜥蜴有点奇特，便拍摄照片发送给格瑞斯莫尔父子，格瑞斯莫尔的儿子耶西·格瑞斯莫尔是美国堪萨斯州大学的博士生。

这一父子猜测这可能是一个全雌性物种，它们的雌性和雄性应当在皮肤颜色上有直接区别，但在发送的照片中并没有雄性踪迹。

为此，格瑞斯莫尔父子乘坐飞机抵达越南西贡市，联系那些出售这种蜥蜴的餐馆，

无须雄性就能繁殖的蜥蜴

并希望他们保留这些活蜥蜴，经过长达8小时的摩托车旅程最终抵达目的地。当他们最终抵达那家餐馆时，疯狂的人们都已经喝得酩酊大醉，店主已将这些蜥蜴烹饪成菜。幸运的是，其他餐馆的这种蜥蜴都已停止出售，同时，还在当地学校学生们的帮助下，在野外收集了更多的活蜥蜴。最后，格瑞斯莫尔共收集了70只该物种蜥蜴，它们全部都是雌性。

怪物种名片

名称：蜥蜴
类别：动物
特征：通过克隆繁衍后代
繁殖方式：无须雄性交配
发现地点：越南

研究新物种

格瑞斯莫尔新发现的蜥蜴物种在前肢脚趾下长有一排骨质鳞片——壳层，他称这一特征不同于其他蜥蜴物种。该项研究发表在《动物分类学》杂志上。这种蜥蜴可能是母系和父系相关的一种杂交体，这一现象常出现于两个栖息地之间的过渡区域。比如：这种新物种蜥蜴的原生长地在平珠福保自然保护区，该区域介于低矮林地和海滩沙丘地形之间。

格瑞斯莫尔说："在不同栖息地生活的这一蜥蜴物种聚集在一起时，

很容易繁殖生育性别杂交体。”他测试分析结果表明该物种蜥蜴线粒体DNA分子是母系类型，这种DNA分子的类型仅通过雌性进行遗传，然而却没有它的父系类型DNA。

然而，有理论可以证实性别杂交物种在短期内会更加健壮。杂交体的细胞比非杂交体有更多的遗传多样性，这是因为杂交体携带着每种亲系的基因。

这可能意味着该物种会更加强壮，会有更强的适应性。例如：骡子是马和驴的杂交物种，它们不能生育，但它们却是一种非常强壮的动物，在某些劳作任务中它们是首选的家畜。

科勒曾说道：“因而，我们可以将这种蜥蜴看作是能够克隆自身的骡子”。

Guan Yan Yu De Shi Li Zhi Mi 管眼鱼的视力之谜

初步认识管眼鱼

管眼鱼是一种适应海底漆黑环境的深海鱼，在海底2000米的区域，太阳光很难照射进来。它们可使用非常灵敏的管状眼睛搜寻头部上方轮廓模糊的猎物目标。

这种鱼第一次被发现是在1939年，生物学家知道这种鱼特殊的眼睛结构能够很好地收集光线，但是管状眼睛却导致它们视野狭隘。由于眼睛呈管状，因此，科学家认为这种鱼的视角相对狭隘。但最新研究发现，这种鱼的视力并不因此而受局限。

科学家研究管眼鱼

科学家最新研究发现，管眼鱼的眼睛能够旋转，并且它们的视野并不狭隘，甚至还能清楚地看到头部上方的猎物活动状况，它们可通过透明的头部直接探测正前方和头部上方的猎物。

美国加利福尼亚州蒙特雷海湾水族馆研究所的布鲁斯·罗宾逊和肯姆·里森毕奇勒，使用远程水下机器人对蒙特雷海湾深海管眼鱼进行探索研究。在600米至800米的深海处，远程水下机器人装配的摄像仪拍摄到管眼鱼悬浮在水中，在仪器明亮光线的照射下，管眼鱼的眼睛释放出鲜艳的绿色光线。

这段视频也揭示了之前未曾发现的该鱼类奇特的特征，那就是它的眼睛是由透明、充满液体的头部外壳覆盖着，这个透明外壳位于管眼鱼头部的顶端。

> **怪物种名片**
>
> 名称：管眼鱼
> 类别：鱼类
> 特征：在漆黑的海底可以看到猎物
> 发现地点：美国加州蒙特雷海
> 发现时间：1939年

当一条管眼鱼被打捞到船上时，它在深海视频中充满液体的透明外壳没有了，这可能是由于在深海渔网捕捞时将它的透明头部外壳损伤造成的。罗宾逊和里森毕奇勒十分幸运地将一只渔网捕捞的管眼鱼放在船上的水族箱里，他们证实了当这条鱼身子从水平翻至垂直时，它的眼睛能够旋转。管眼鱼的身体只有几寸长，科学家猜测它的食物是小鱼和水母。它眼睛中的绿色素可能会过滤从海洋表面直接射入的阳光，有助于它的管状眼睛直接探测到头部上方发光的水母或者其他海洋生物，当它发现像漂浮水母等猎物时，管眼鱼将旋转它的眼睛，确定猎物所在位置，从而进入猎食状态。

管眼鱼的生活方式

管眼鱼除了它们头上神奇的透明“帽子”，还具有其他各种各样有趣的适应深海生活的方式方法。它们大而平的鳍使它们可以浮在水中一动不动，动作非常正规。

它们的小嘴巴可以非常精确和有选择性地捕捉小猎物；另一方面，它们的消化系统非常发达，这表明他们可以吃各种各样的漂流小鱼和水母。科学家解剖发现它们胃里有水母的碎片。

罗宾逊和里森毕奇勒希望做进一步的研究，以找出管眼的特征是否也适用于其他管状眼睛的深海鱼类。管眼鱼这种奇特的生理适应性一直困扰着海洋学家。

Xi Ma La Ya Shan
Xin Wu Zhong

喜马拉雅山新物种

怪物种名片

名称：叶麂
类别：动物
特征：最小的鹿物种
发现地点：缅甸北部
发现时间：1999年

叶麂

这是世界上最小的鹿物种，它属于毛冠鹿家族。1999年，当时科学家在缅甸北部的喜马拉雅山脉地区进行实地勘测时首次发现的。其直立时身高为0.6米至0.8米，体重为11000克。

史密斯叶蛙

1999年被首次发现，它是在印度阿萨姆邦地区发现的5种青蛙新物种之一，同时它们也是世界上外形最奇特的青蛙物种。

其体长仅有几厘米长，它们能够发出巨大的尖叫，能够膨胀金黄色眼球。

橙斑蛇头鱼

2000年被发现，生活在印度阿萨姆邦北部的亚热带雨林地区，主要分布在丛林溪流、池塘和布拉马普特拉河的沼泽中。

这种鱼类的特征明显，身体上具有鲜明的紫色和橙色的斑点，其体长可达到0.4米，它的外形也兼具蛇的特征。

它还是一种食肉性鱼类，具有很强

的掠食性，喜欢以小型鱼类和无脊椎动物为食。

格普瑞彻特绿蝰蛇

2002年发现，这种绿色蝰蛇有毒，身体最大可生长至1.3米。雄性和雌性之间存在着很大的差异，雌性能够长得更长，身体较纤细，在头部长着蓝白色条纹，眼睛呈深黄色。而雄性的体长相对较短，在头部长着红色条纹，长着亮红色或深红色的眼睛。

尼泊尔蝎

是喜马拉雅东部地区新发现的3种蝎子之一，该物种在2004年首次被官方记录描述。当时研究人员在尼泊尔奇旺国家公园里发现这种蝎子。它体长达0.08米，红黑色的背部长着光滑的甲壳，有淡红褐色尾尖，其中很可能包含着毒素。

怪物种名片

名称：尼泊尔蝎
类别：动物
特征：长着淡红褐色尾尖
发现地点：尼泊尔
发现时间：2004年

阿鲁纳卡猕猴

这是2005年在印度东北部的喜马拉雅山地区发现的一个新的物种。这种猕猴体型矮壮、尾短、身体呈棕褐色，生活在海拔2000~3500米的高山上。该物种的发现具有特殊意义，它是全球只在印度境内存在的一支灵长目物种。研究人员指出，阿鲁纳猕猴比其他近亲物种体型矮小结实，长着灰色面孔。它是生活在海拔最高的灵长目动物，它生活在海拔1600米至3500米的地区。

怪物种名片

名称：阿鲁纳卡猕猴
类别：动物
特征：生活在海拔1600米以上
发现地点：印度东北部
发现时间：2005年

孟加拉淡水明虾

这是一个淡水虾新物种，它从孟加拉库奇比哈尔地区通过某些途径抵达欧洲，是一种体色呈红褐色的淡水虾，其色彩非常艳丽，于2008年被发现。

Xin Wu Zhong Zhong De Guai Wu 新物种中的怪物

撒旦叶尾蜥蜴

撒旦叶尾蜥蜴的颜色为棕色或灰色，能力惊人，会把自己变成黄色、绿色、橙色和粉色。这种蜥蜴白天不活动，只有被打扰时才会动起来。

它们会用嘴巴和直立的尾巴对刺激做出相应的反应。在夜间，蜥蜴会捕猎昆虫。叶尾蜥蜴家族有9个成员，体长0.08~0.3米不等。较大的家族成员周身长有须边。当它们在盖有树枝的苔藓和青苔上休息时，很难识别出来。

叶尾蜥蜴擅长伪装，大大的眼睛有助于这种夜间活动的动物捕食，大嘴能咬住体型较大的猎物。这种蜥蜴非常适合在原始雨林生活，它们的伪装技术极具保护性，所以我们今天仍能发现叶尾蜥蜴及其物种。当地人对这种蜥蜴心存恐惧，称之为“魔鬼”。受到惊扰后，较大的蜥蜴会张开大嘴，发出吓人的“嘶嘶”声。这种蜥蜴能逼真地模仿干枯的树叶，可以像一片卷曲的树叶一样借助自己的叶尾卷起自己的整个身体。如果不仔细看，很容易会把它认作是飒飒秋风中的一片枯叶。

怪物种名片

名称：撒旦叶尾蜥蜴
类别：动物
特征：身体能够变色
繁殖方式：卵生
发现地点：马达加斯加岛

帝王蝎

它是世界第一大蝎子，亚洲雨林中的帝王蝎外表与非洲帝王蝎极为相似，但帝王蝎体型较大并且粗而圆，螯呈半圆形，表面十分粗糙凹凸不平，尾端的毒针则呈现红色。而亚洲雨林帝王蝎体型消瘦，螯较狭长光滑，尾端毒针则呈现黑色或灰色。

帝王蝎为栖息在高温、高湿度的品种，黄昏之后才开始活动。帝王蝎

世界上第一大蝎子帝王蝎

采主动攻击的方式猎食，它会悄悄靠近猎物，待进入攻击范围后再用其强壮巨大的双螯牢牢抓住猎物。

由于具备强而有力的巨螯，帝王蝎不太需要用到毒液，因此其毒性并不强。其食物为蟋蟀或其他小型昆虫，但帝王蝎体型颇大，所以它还会捕食小型哺乳动物，如老鼠等。当抓住猎物后，它并不直接吃猎物的肉，而是吐出大量的消化酶，把猎物化成“肉汤”再吸食。当食物不足时，它还会残杀同类。

孔雀纺织娘

这是一种大型雨林昆虫，2006年在圭亚那阿卡莱山脉被发现。它们通常采用两种有效的策略来保护自己不被捕食者捕猎。

乍一看它们好像是一片枯死且部分损坏的树叶，如果受到威胁，它们会立即展示出一对像巨大眼睛一样的斑纹，并开始兴奋地起舞，这就会给攻击者造成一种假象，即它是一只拥有巨头大眼的鸟类，并随时可能会啄向对方。

食鸟蛛

这种食鸟蛛重约170克，可能是世界上最重的蜘蛛。这一物种发现于2006年，发现地为圭亚那。

南美洲的热带丛林是食鸟蛛的故乡。它喜欢独处，卵生，一般能活10多年，甚至30年。食鸟蛛是自然界中最巧妙的猎手之一。

它有喷丝织网的独特本领，在古树枝间编制具有很强黏性的网，一旦食鸟蛛喜食的小鸟、青蛙、蜥蜴和其他昆虫落入网中，必定成为食鸟蛛的口中之食。食鸟蛛一般多

怪物种名片

名称：孔雀纺织娘
类别：动物
特征：善于保护自己
发现地点：圭亚那阿卡莱山脉
发现时间：2006年

在夜间活动，白天隐藏在网附近的巢穴或树根间，一有猎物落网，它就迅速爬过来，抓住猎物，分泌毒液将猎物毒死作为食物。由于它十分凶悍，人类也得提防。

南美树栗鼠

发现于1997年，发现地为秘鲁维尔卡巴马山脉附近，与著名的印加王朝遗址马丘比丘非常接近。它们的颜色呈浅灰色，特点在于其头部有白色条纹。

怪物种名片

名称：食木鲶
类别：鱼类
特征：以木为食
发现地点：亚马孙雨林
发现时间：2006年

食木鲶

这种鲶鱼是2006年在亚马孙雨林发现的，以秘鲁桑塔阿纳河中的倒树为食。其他吸口带甲鲶鱼利用它们独特的牙齿从没入水中的木头表面啃掉有机物质。

根据美国《国家地理新闻》网站报道，这种新发现的食木鲶鱼尚未命名，是已知10多种能够消化木头的鲶鱼种群之一。

怪物种名片

名称：喙蟾蜍
类别：动物
特征：长有一个猪鼻子
发现地点：哥伦比亚
发现时间：2010年

喙蟾蜍

2010年，一支由“保护国际基金会”派出的科考队深入到南美哥伦比亚的丛林中，去寻找几种已有数十年未曾出现，已经被怀疑是否已经灭绝的蛙类。考察的结果是，那些已经消失不见的种类还是没有发现，但是却在考察过程中意外发现了一些新的物种，其中之一就是喙蟾蜍。

这种蟾蜍体色和枯树叶很像，它属于仅有的几种不经过蝌蚪阶段而直接从卵孵化的蟾蜍种类之一，非常罕见。这种蟾蜍体型非常小，体长仅有约0.02米，这使它很容易躲进枯树叶内，从而避开掠食者。但是它最引人注意的特征是它长着一个猪鼻子。

Ke Xue Jia
Que Ren De
Xin Wu Zhong

科学家确认的新物种

豌豆小海马

生物学家在红海和印尼近海海底的珊瑚礁丛中发现了5种新小型海马，这5种微型海马都非常小，最大的也不超过0.025米，它们是目前已知的最小脊椎动物。这5种微型海马分别是：瓦里岛矮海马、德贝柳斯矮海马、塞费恩矮海马、萨托米矮海马和庞托赫矮海马。

其中萨托米矮海马身长不到0.0013米，两只萨托米矮海马将尾巴伸直，总长度才有一个分币

怪物种名片

名称：豌豆小海马
类别：动物
特征：世界上最小的海马
发现地点：红海和印尼近海
发现时间：2008年

的直径那么长。

百转蜗牛

这种马来西亚蜗牛之所以独特，皆是因其贝壳能向四面旋转。大多数蜗牛的贝壳紧紧缠绕在一起，形成等角螺线形状。它们还以3个轴为中心盘成一圈。

但是，百转蜗牛却以4个轴为中心缠绕，这通常是腹足动物的习惯。与此同时，螺环分成了3圈，看上去环环相扣。这种奇特的蜗牛似乎仅仅生活在石灰岩地形：马来西亚霹雳州昆仑喇叭牧区。

自毁棕榈树

这是一种开花后不久即倒下死去的棕榈树，它会开出很多大花。大多数棕榈树一生都会开花结果，但该种

棕榈树只开花一次即结束生命。结了果实以后，也意味着它的生命走到了尽头。

自毁棕榈树只生长于马达加斯加西北部阿纳拉拉瓦地区，迄今，科学家仅确认了不到100株。

通体深蓝色的光鳃鱼

这是通体深蓝色的光鳃鱼。这种外形美丽的小热带鱼是在太平洋帕劳群岛附近深海珊瑚礁中发现的，表明我们对深海珊瑚礁的生物多样性了解有多么匮乏。

身体最长的昆虫

这种昆虫身体的长度达到0.356米，如果加上腿和触须，总长可达到0.567米。这种外形像手杖的昆虫是在马来西亚婆罗洲被发现的。

最古老脊椎动物

母鱼是已知最古老的产下幼仔的脊椎动物。它的化石是一次极为罕见的科学发现，显示了母鱼在距今大约

怪物种名片

名称：深蓝色的光鳃鱼
类别：鱼类
特征：通体都是蓝色
发现地点：太平洋帕劳群岛
发现时间：2008年

3.8亿年前产子的情况，令其历史可以追溯至泥盆纪弗拉斯阶初期。化石是在澳大利亚西部菲茨罗伊河附近被发现的。

怪物种名片

名称：母鱼化石

类别：化石

特征：展示3.8亿年前的产子情况

发现地点：澳大利亚西部

发现时间：2008年

无咖啡因的咖啡树

卡里尔咖啡树是科学家在喀麦隆发现的一种无咖啡因的咖啡树，这是已知在中非首次发现此类咖啡树。

喀麦隆向来是咖啡属咖啡树多样性的中心，而这样的野生物种可能对育种项目至关重要。比如，卡里尔咖啡树可以用于培育天然的不含咖啡因的咖啡豆。

下图：无咖啡因的咖啡树生长在非洲中西部的喀麦隆，世界上其他地方还没发现有此类品种。

Hai Yang Sheng Wu
Jia Zu
Xin Wu Zhong

海洋生物家族新物种

怪物种名片

名称：海洋蜗牛
类别：海洋动物
特征：生活在高温、高压之下
发现地点：日本海底火山
发现时间：2009年

独一无二的海洋蜗牛

这种蜗牛发现于日本海岸附近的海底火山，外壳覆盖一排排细细的毛发，是迄今发现的此类蜗牛种类中唯一的一个。这个尚未命名的海洋蜗牛是海洋生物普查发现的多个新物种之一。新类型的海洋蜗牛发现于深海热泉，即极端压力、高温和永远黑暗之地。依靠生活在其腮下的共生细菌而生。

有育儿袋的原足目动物

这个像虾一样的微小生物发现于澳大利亚的大堡礁，属于原足目动物。据海洋生物学家科诺尔顿介绍，这种原足目动物体长不超过0.013米，具有像袋鼠一样的育儿袋，相比于相对出名的鱼类和珊瑚，它是未被研究过的诸多奇异小生物群落之一。

珊瑚新种类

2009年11月，在海洋生物普查项目科学家对澳大利亚赫伦岛附近

珊瑚礁研究期间，他们发现了这种外形像一簇卡通花朵的新种类珊瑚——属于珊瑚和水母的近亲。美国国家自然历史博物馆海洋生物学家南希·科诺尔顿表示，虽然热带珊瑚礁是被科学家研究最多的海洋栖息地之一，但这种境地仍然拥有大量未被发现的物种。科诺尔顿还是“海洋生物普查”珊瑚礁普查项目科学家。她指出：“这次为期10年的普查表明，珊瑚礁比我们想象的类型还多样。”

冰海天使

2005年的一次远征北冰洋的海洋生物普查，捕获了一个“冰海天

怪物种名片

名称：冰海天使
类别：动物
特征：没有外壳的裸体蜗牛
发现地点：北冰洋
发现时间：2005年

使”，它生活在水下大约350米。

科学家曾在2009年12月表示，不管它的绰号怎么叫，这个小天使显然根本不在意展露少许的肌肤：事实上它是一种没有外壳的裸体蜗牛。美国加州大学的生物学家格蕾琴·霍夫曼在2008年的一份声明中曾说，这种海洋蜗牛——大多数只有一个扁豆大小——是许多海洋物种的食物，可说是海洋里的“炸薯片”。

令科学家们震惊的是，海洋生物普查发现了数百种同时生活在南北两极物种，冰海小天使便是其中之一。

圣诞树蠕虫

只要被轻轻一碰，这些“圣诞树”就会飞速缩回洞里，速度之快超乎想象。这是圣诞树蠕虫的防御机制，它们中的大多数栖身在活珊瑚上挖出的“地道”里。

圣诞树蠕虫的彩色螺旋其实是高密度呼吸结构，它没有专门为运动和游泳的附属肢体，不能游到管子外面去。

它们有两个很漂亮的冠，让它们看起来就像一棵圣诞树，圣诞树蠕虫也因此而得名。那些冠其实是它们的嘴，很敏感，即使是影子它们也会马上有反应。

这些迷人的圣诞树蠕虫有很多颜色，黄的、橙的、蓝的、白的都有，它们广泛分布于世界各地的热带海洋。

胖头杜父鱼

位于悉尼的澳大利亚博物馆称，这种胖头杜父鱼是2003年在

怪物种名片

名称：胖头杜父鱼
类别：鱼类
特征：长有巨大的球形头部
发现地点：大西洋
发现时间：2003年

怪物种名片

名称：乌贼蠕虫
类别：海洋动物
特征：酷似乌贼
发现地点：菲律宾海域
发现时间：2007年

新西兰的一次海洋生物普查中发现的，他们亲切地给它起了个绰号“松胖先生”。胖头杜父鱼以它们巨大的球形头部和软塌塌的皮肤得名。它生活在大西洋、印度洋和太平洋约100~2800米之间的区域生活。胖头杜父鱼现保存在澳大利亚博物馆的溶液中，博物馆网站指出，它的鼻子现在已经皱缩，将“不再拥有‘可爱’的形象。”

乌贼蠕虫

2007年，科学家操作一台远程遥控潜水器对菲律宾附近深海进行了扫描，发现了一种外形奇异的蠕虫，看上去既像乌贼，又像是正在吃乌贼的蠕虫。

这种全新蠕虫接近0.09米，因其看上去像覆盖触毛的头部而获得了这一名称。它的前端布满8条手臂，每条手臂都与其全身一样长，用于呼

吸，两个长而松散卷曲的附肢用于捕食。

乌贼蠕虫还有6对覆盖羽毛的感觉器官，统称为“鼻子”，这些鼻子从其头部突出来。这种新蠕虫全身上下彩虹色的“短桨”则用于滑行。

深海小飞象

这种深海小飞象发现于2009年，是一种深海“飞行章鱼”，它看上去有一种浑身长满耳朵的感觉。

事实上这些突出物是它的鳍，帮助它在深海的环境中向前推进。

怪物种名片

名称：深海小飞象
类别：海洋生物
特征：浑身长满鳍
发现地点：大西洋
发现时间：2009年

在向大西洋中脊远征进行海洋生物普查期间，科学家捕获了一只深海小飞象，它是普查中发现存在的数千种此前不为人知的物种之一。它长约2米，重约6000克，是目前发现类似章鱼的烟灰蛸属软体动物物种中体型最大的。

水母新物种

这种2005年才被发现的管水母新物种，是一种群体动物。由大量同类动物组成，例如泳钟、泳鳔占一半以上，为这个“部落”提供推动力。

在2009年的一次海洋生物普查远征中，科学家观察到的大量管水母生活在300~1500米的深水中。

专家们说，管水母可长达约3.1米，有些管水母是深海中的巨无霸。

怪物种名片

名称：管水母

类别：海洋生物

特征：由大量同类生物组成

发现地点：太平洋、大西洋

发现时间：2009年

盲眼龙虾

盲眼龙虾生活在澳大利亚2000多米深的海洋中，属于节肢动物门甲壳纲十足目龙虾科，全身呈白色，背部及边缘为橘红色。

这些龙虾体长7～12厘米，靠水波的细微变化来觅食或躲避敌害。除了眼盲的特征外，它们的突出特征是大螯，它们的一对大螯中，一只形态正常，而另一只则演化成了形状怪异而细长的螯足。这种螯足就像是一把长锯子，其长度和体长差不多。盲眼龙虾就是靠有力的爪子和螯足来捕食和对付敌害。

这种小龙虾除了眼睛之外还有一个特点，就是长寿，某些盲眼龙虾能够存活约75年。由于深海中没有光亮，这些龙虾的视力已经退化到眼盲的程度。

怪物种名片

名称：盲眼龙虾
类别：海洋生物
特征：眼盲、长螯
发现象地点：澳大利亚海域
发现时间：2009年

2012 Nian
Fa Xian Shi Da
Xin Wu Zhong

2012年 发现十大新物种

怪物种名片

名称：行走仙人掌
类别：化石
特征：古老的像蠕虫一样的动物
发现地点：中国云南
发现时间：2012年

"行走的仙人掌"

并不是所有新发现的物种都生存在这个世界上。古生物学家在5.2亿年前的化石中发现了一种叶足动物，它的形状酷似仙人掌，极有可能是当前很多节肢动物的共同祖先。

它之所以称之为"行走的仙人掌"，是因为它是一种古老的、像蠕虫一样的动物，而且在行走过程中，它不断地用"腿"来捕捉猎物。

香肠马陆

这是一种肥胖的节肢动物，它的样子不论是外形还是尺寸都如同香肠一样，因而被命名为"香肠马陆"。

这种动物的直径约为0.015米，身躯共有56节，每节都有两条腿，通常寄居在朽木里，生活在坦桑尼亚的东部弧形山脉。

条形凝胶水母

这种新物种是科学家在2011年发现的。这种水母长着红白相间的长尾，看上去非常像一个箱形风筝，生活在加勒比海博内尔岛附近。

怪物种名片

名称：恶魔蠕虫
类别：微生物
特征：以吞食细菌为生
发现地点：南美地区
发现时间：2012年

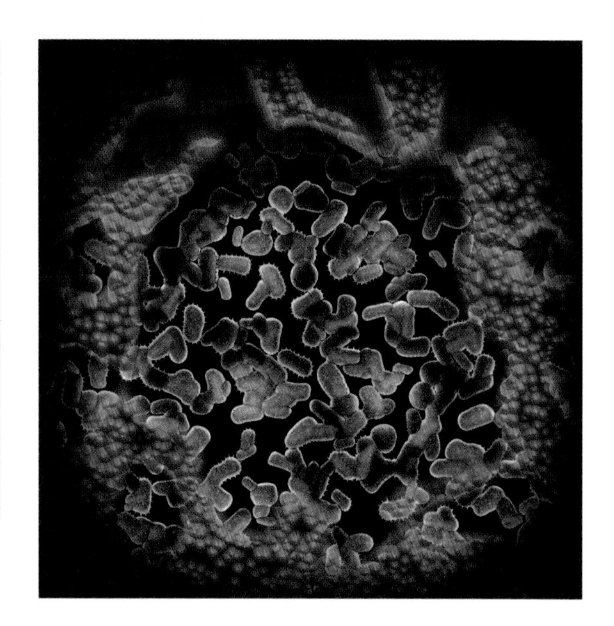

恶魔蠕虫

科学家在南美地区一处金矿的地下1300米处发现了它们，其生存的环境温度达到37℃。这是迄今为止发现的栖息地最深的陆地多细胞机体。

恶魔蠕虫以吞噬细菌为生，身体仅有0.5毫米长。此前人们只知道这个深度存在微生物，也许这些微生物正是这种恶魔蠕虫的食物来源。

夜间开花的兰花

兰花家族成员大约有25000种，目前发现的在夜晚开花的品种就只有这一种，它在晚上10时左右开放，第二天早晨又会闭合花瓣。这种新的兰花是目前已知的唯一一种只在晚上开花的兰花，但它为什么会这样还是一个谜。这种植物是荷兰研究人员在

夜间开放
的美丽兰花

怪物种名片

名称：兰花
类别：植物
特征：夜间开花
发现地点：巴布亚新几内亚
发现时间：2012年

巴布亚新几内亚附近的新英格兰岛上发现的，另外在太平洋岛屿的低地雨林地区也发现了相同的标本。

秋香罂粟

这种新物种是科学家于2011年正式发现，于2012年公布的。秋香罂粟，顾名思义是秋天绽放花朵。然而，这么美丽的植物是如何躲过植物学家锐利的目光的呢？

原来，这种植物生长在尼泊尔中部山脉人迹罕至的野外，那个地方的海拔要比当地人居住的地方高4000多米，平时是没有去爬那么高的大山的。

海绵宝宝蘑菇

我们听过叫音猬王子的蛋白质，现在有一种叫海绵宝宝的蘑菇。这种蘑菇带有水果香味，生长在马来西亚婆罗洲的森林里。

它看起来像香菇，但更像一块大海绵，在身体受到挤压后可以像海绵一样弹回原形。

怪物种名片

名称：秋香罂粟
类别：植物
特征：秋天开花
发现地点：尼泊尔
发现时间：2011年

亮蓝色狼蛛

它是从印度支那半岛发源而来的，生活在热带森林里广阔而深邃的地洞迷宫中，用丝在地洞的入口处编织成保护网。

它会在地洞中待上好几个星期，冒险爬出地洞只是为了寻找水或食物。

它喜欢吃蟋蟀，但也吃蟑螂和其他较大的昆虫。

这种狼蛛以其漂亮的亮蓝色身体而著名。在正常照明环境下，这种蜘蛛看起来呈黑色，但在闪光环境下，它就呈现出亮蓝色。

亮蓝色狼蛛极具侵略性，不能轻易触碰。

怪物种名片

名称：俯冲轰炸黄蜂
类别：动物
特征：把蚂蚁当食物
发现地点：西班牙
发现时间：2012年

俯冲轰炸黄蜂

这是一种生活在西班牙马德里的一种寄生蜂，把蚂蚁当猎物，它们一旦锁定目标，就会以不到1/20秒的时间俯冲到蚂蚁身前进行攻击，并且会在蚂蚁的体内产卵。

会打喷嚏的塌鼻猴

这种猴子生活在缅甸北部的森林里，鼻孔朝天，下雨的时候雨水会流入鼻孔，使它们忍不住要打喷嚏。为了避免雨水流入鼻孔，它们在下雨天通常蹲坐地上，并把头埋在两膝之间。

当地居民告诉科学家，要找到这种猴子，最好的办法就是留心听树林里的喷嚏声。它们已被国际自然保护联盟划为濒危动物。这些猴子的现存栖息地大概只有270平方千米，数量为260只至330只。

在当地猎人看到这种猴子的报道之后，引导由生物学家和灵长类动物学家组成的国际小组在缅甸北部发现了这一新物种。

怪物种名片

名称：塌鼻猴
类别：动物
特征：鼻孔朝天
发现地点：缅甸北部
发现时间：2012年

2013 Nian
Fa Xian Shi Da
Xin Wu Zhong

2013年 发现十大新物种

怪物种名片

名称：洛马米恩斯长尾猴
类别：动物
特征：尾巴特别长
发现地点：非洲刚果（金）
发现时间：2013年

2013年5月23日，美国亚利桑那州大学研究人员公布了最新发现的十大新物种。许多科学家认为，在21世纪末之前，地球将失去50%物种。

亚利桑那州大学研究人员奎汀·惠勒擅长探索发现新物种，并描述这些新物种如何适应地球生物进化历史。通过最新公布2013年十大新物种，有助于我们更多地了解地球生物多样性。

洛马米恩斯长尾猴

自然资源保护者约翰·哈特在刚果奥帕拉镇首次发现一只雌性洛马米恩斯长尾幼猴，当时它被饲养在一位小学教师家中。

夜光蟑螂

科学家发现了一种夜光蟑螂标本，已被收藏了70年，很可能该物种已灭绝。这个夜光蟑螂样本发现于邻近通古拉瓦火山的厄瓜多尔，它具有罕见的模拟荧光伪装特征。它释放的黄色非常类似于另一种发光昆虫——磕头虫，蟑螂模拟这种有毒甲虫是为了欺骗掠食者。

怪物种名片

名称：竖琴海绵
类别：海洋生物
特征：像一个枝状大烛台
发现地点：美国加州北部海域
发现时间：2013年

竖琴海绵

竖琴海绵非常像一个枝状大烛台，又像一个食肉的多孔动物，它会不加选择地捕捉各种猎物。在漂浮时它的垂直茎秆可最大化表面积，捕捉微型猎物。这种海绵发现于加州北部海岸3400米深的海域，是由蒙特利湾水族研究所研究人员发现的。

环保蛇

这是最新发现的一种蛇，产地是西巴拿马，学名叫Sibon noalamina，有绿色环保的意思。身体上的色彩斑纹非常像致命的珊瑚蛇。采矿业的发展使脆弱的高低热带雨林受到破坏，它无处藏身，以至于被人发现。

袖珍紫罗兰

这种紫罗兰的名字出自于英国政治家和小说家Jonathan Swift的作品《格列佛游记》。它只能长到1厘米高，并且只生长在秘鲁安第斯山脉的高地上。它不仅是最小的紫罗兰花卉，而且也是世界上最小的陆地花

卉。科学家首先收集该样本是在20世纪60年代，但直到2012年12月研究人员才正式描述这一种新物种植物。

黑真菌

这种微生物能够抹杀史前壁画，它是黑真菌，正在逐渐侵蚀法国拉斯科洞窟中的壁画。这些史前壁画源自上旧石器时代，大约4万~1万年前，随着2001年黑真菌出现，史前洞窟中的壁画正在逐渐消失。

最小的脊椎动物

阿马乌童蛙生活在新几内亚雨林地面的落叶层中，它的身体非常小，完全可坐在一枚硬币上，它们是世界上最小的脊椎动物。成年阿马乌童蛙

怪物种名片

名称：阿马乌童蛙
类别：动物
特征：成年体体长为7.7毫米
发现地点：新几内亚雨林
发现时间：2013年

体长可达到7.7毫米，之前的纪录保持者是雌性印尼鲤鱼，体长为7.9毫米。

濒危常绿树

这种名叫Eugenia petrikensis的植物高度2米，生活在马达加斯加岛东部森林，它们长着光滑的绿色叶子，点缀着亮粉色花朵，这种植物生长在沙质土壤中。现在刚被人类发现，被确定为濒危物种 。

草蜻蛉

草蜻蛉新物种是在一个摄影师传了一张照片到网络相册之后被发现的，昆虫学家肖恩·温特顿看到照片后请摄影师给他寄送了一个标本。这种草蜻蛉才被科学界所知。

远古昆虫

科学家发现1.65亿年前类似银杏的叶片化石，其实是一种远古蚊蝎蛉物种，这种昆虫的翅膀非常像银杏叶片。

上图：Eugenia petrikensis是一种濒危常绿树，发现于马达加斯。

中图：草蜻蛉新物种在马来西亚吉隆坡一个植物园中发现，被植物学家命名为饰草蛉属翡翠。

下图：一种石化的蚊蝎蛉科昆虫被发现于一棵1.5亿年前的侏罗纪时代的树化石上。

Zhong Hua Xu
Hui You
Zhi Mi

中华鲟洄游之谜

中华鲟名称的由来

中华鲟具有其独有的生活习性。它们繁衍生息需要往返于长江、大海之间，也就是说，中华鲟是典型的咸水、淡水都能生存的洄游性鱼类。

雄性中华鲟生长至9岁以上，体长1.7米左右，体重50千克左右，雌性中华鲟生长至14岁以上，体长2.3米左右，体重120千克左右，达到初次性成熟，它们就可以生儿育女了。

每年夏秋，成群结队的中华鲟由生活在长江口外的浅海域洄游至长

江，历经3000多千米的溯流搏击，才回到自己的“故乡”金沙江一带产卵繁殖。

产卵后，待幼鱼长大至0.15米左右，这些“游子”又携带儿女们顺流而下，旅居海外。它们就这样世世代代在长江上游出生，到大海里生长，养成了身居海外不忘故乡的习惯。正是由于它们这种执着的回归、寻根的习性，所以人们称它们为“中华鲟”。

中华鲟有活化石之称

中华鲟是一种在长江中孕育，大海里成长的神奇鱼类，它在地球上生存了近1.4亿年，是现存最古老的脊椎动物之一，堪称“水中活化石”。

中华鲟个体硕大，形体威猛，成鱼体

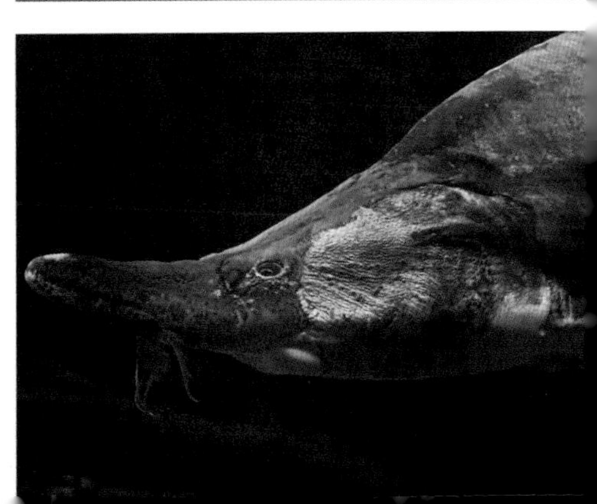

长可达5米，体重达500千克，寿命长达百岁，居世界27种鲟鱼之冠，是淡水鱼类中个体最大、寿命最长的鱼。

中华鲟在分类上占有非常重要的地位，是研究鱼类演化的重要参照物，在研究生物进化、地质、地貌、海侵、海退等地球变迁等方面，都具有重要的科学价值和不可估量的经济价值。但由于种种原因，这一珍稀动物已濒于灭绝。

怪物种名片

名称：中华鲟
类别：鱼类
特征：咸水、淡水都能生存
分布：中国
出现时间：1.5亿年前

保护和拯救这一珍稀濒危动物，对发展和合理开发利用野生动物资源、维护生态平衡具有深远意义。从它身上可以看到生物进化的某些痕迹，所以中华鲟被称为水生物中的活化石。

中华鲟洄游是不解之谜

中华鲟是典型的海河洄游性鱼类，每至夏秋，在大海里长大成年的中

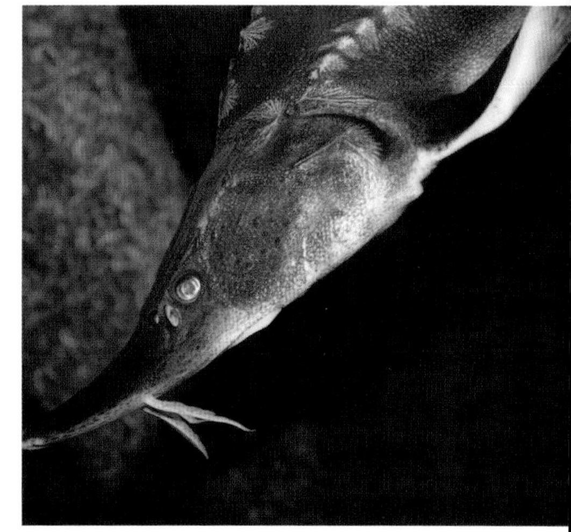

华鲟，就会成群结队齐聚长江口，耗时一整年，逆江而行3000多千米，进行浪漫而艰辛的恋爱和婚配旅程。

第二年秋天，中华鲟游回到朝思暮想的故乡——水流湍急的金沙江一带产卵繁育后代。

在耗时近两年、游程近万千米的溯河洄游繁殖及顺河游向大海过程中，中华鲟不进食，全靠消耗自身的营养储备来维系畅游的体力，堪称鱼类中忍饥耐饿的冠军。

进入长江口的中华鲟，为其鱼卵发育提供营养，以保证其抵达金沙江时完全成熟。这种神奇的能量转换现象至今还是个不解之谜。

千里洄游返回故乡的中华鲟

Huo Xing
Ma Yi Cong Na
Lai De

火星蚂蚁从哪来的

发现“火星蚂蚁”

2003年，美国德克萨斯州大学的进化生物学研究生瑞斯坦·雷伯林在巴西亚马孙雨林发现一个先前未知的蚂蚁品种。

由于雷伯林和他的同事之前从来没有看到过这样的蚂蚁，因此他们将其命名为“火星蚂蚁”。

这种蚂蚁保留着现在蚂蚁缺失的原始形态特征，通体呈金黄色，非常

适应地下生活，雷伯林认为它们由地球上首批蚂蚁演化而成。

火星蚂蚁体型扁平，体长两三毫米，没有眼睛，下颚硕大。雷伯林和他的同事们猜测，这种蚂蚁可能用下颚捕获猎物，在亚马孙雨林地面腐烂树叶下的土壤中觅食。

怪物种名片

名称：火星蚂蚁
类别：动物
特征：没有眼睛
分布：巴西亚马孙雨林
出现时间：1.2亿年前

关于“火星蚂蚁”的研究

研究人员在火星蚂蚁体内发现先前未知基因，因此认定它们是蚂蚁的一个新亚科。这是1923年以来研究人员第一次发现仍存活的新亚科蚂蚁。先前研究人员只在化石中发现新亚科蚂蚁。

研究人员认为，火星蚂蚁可帮助生物学家更好地了解蚂蚁的生物多样性及其进化史。

研究人员分析火星蚂蚁的DNA后发现，火星蚂蚁是最早从蚂蚁主世系

分裂出来的一个亚科，为地球上最古老蚂蚁的后裔。

来自得克萨斯大学的克里斯蒂安·拉伯尔等人介绍说：“我们认为火星蚂蚁诞生于蚂蚁进化史初期，”拉伯尔说，“研究数据和化石资料表明，这种地下肉食性蚂蚁的祖先极可能是黄蜂。”

研究人员说，火星蚂蚁没有眼睛而且生活于地下，不意味着所有蚂蚁的祖先都这样。

火星蚂蚁的特征在蚂蚁早期进化时期形成。它们经年累月地生活在热带土壤环境下，原始特征得以保持至今。

“火星蚂蚁”的祖先

蚂蚁和黄蜂有着共同的祖先，大约在距今1.2亿年前，在进化道路上“分家”。研究人员认为蚂蚁快速进化成了许多不同世系，有专门生活在树上或烂树叶中的蚂蚁，有生活在土壤中的蚂蚁，还有能生活在多种地域的蚂蚁。

蚂蚁的种类相当丰富，具有重要的生态学研究价值。雷伯林说，这一新发现将有助于生物学家更好地理解蚂蚁的生物多样性和进化历程，这种新蚂蚁的发现说明，可能还有很多新的蚂蚁种类，甚至是巨大的进化线索埋藏在热带雨林的土壤中。

火星蚂蚁是生活在地球上的，并非来自火星。

Ya Zui Shou De Qi Te Zhi Chu 鸭嘴兽的奇特之处

鸭嘴兽四不像的外貌

在澳大利亚生活着一种奇特的哺乳动物——鸭嘴兽。说它奇特，是因为地球上确实不存在一种比鸭嘴兽的外貌更加四不像的动物，也没有任何一种动物像鸭嘴兽一样引起过如此多的学术争议。以前，科学家们根本不相信有鸭嘴兽这种动物存在，因为它的长相实在古怪，既像爬行动物，又像哺乳动物，还像鸟类。

鸭嘴兽常常在半明半暗的黎明或黄昏，从河边的地洞里钻出来。它那扁扁的嘴就像鸭子嘴一样。不同的是，鸭嘴兽的嘴有传递触觉的神经，可

以弯曲，对振动也很敏感，并不像鸟类的喙是坚硬的角质。鸭嘴兽那对又小又亮的眼睛长在头的高处，不仅可以看清两岸，还可以扫视天空。连着眼睛向后伸展的两道沟纹就是它的耳。鸭嘴兽的耳可以帮助它适应水中的生活。

在鸭嘴兽胖胖的身体外面披着一层褐色而有光泽的密毛，这种毛入水时不会透水，出水时也不会被水濡湿。它身体后面的大尾巴扁平而又有力，起着舵的作用，可以帮助它快速潜泳。鸭嘴兽的四肢又短又粗，五趾间有蹼，特别是前肢的蹼非常发达。在陆地上的时候，它会把蹼合起来。

怪物种名片

名称：鸭嘴兽
类别：动物
特征：既像爬行动物，又像哺乳动物，还像鸟类
分布：澳大利亚
出现时间：1.8亿年前

而当它一旦进入水中，就会把厚蹼展开，活像是几个大桨。在雄性鸭嘴兽后腿上还有一个弯曲的毒具，和蝰蛇的毒牙很相似带有致命的毒液。

鸭嘴兽如何捕食

鸭嘴兽在捕食的时候会紧闭双眼，擦着河泥向前行进，依赖敏锐的嘴去寻找食物。大概一两分钟后，它的面颊里就会装满食物。这时，鸭嘴兽就会浮出水面，睁开眼睛，贪婪地享受美味。鸭嘴兽最爱吃虾、蚯蚓、昆虫的幼虫以及软体动物。鸭嘴兽的胃口很大，每天至少要吃掉上千条蚯蚓和几十只小龙虾。

鸭嘴兽如何哺育后代

鸭嘴兽让人感到奇特的另一个原因就是：它虽然属于哺乳动物，但却是下蛋的。鸭嘴兽的蛋需要10多天的孵化，幼兽就出世了。起初幼兽并不进食，但过不了几天，鸭嘴兽妈妈就会用自己的乳汁来喂养它的小宝宝。仅从卵生这一点来看就不难知道，鸭嘴兽作为哺乳动物是相当原始的。刚刚孵化出来的幼仔非常柔弱，眼睛还不能睁开，浑身无毛，完全依赖母乳喂养。鸭嘴兽有乳腺，但却没有乳头。在它腹部有个“袋子”，分泌的乳汁经由内侧皮肤上的小孔流出，供幼仔舔食。

母乳喂养持续三四个月后，鸭嘴兽妈妈会短时间外出觅食，随着小宝宝的不断长大，鸭嘴兽妈妈外出觅食的时间会越来越长直至幼兽能从洞口爬出自己觅食。

鸭嘴兽为何生存千百万年

其实鸭嘴兽的祖先早在1.8亿年前的侏罗纪就出现了，那时它们分布很广。可是到了后来，更多哺乳动物大量繁殖，像鸭嘴兽这些古老的动物就逐渐灭绝了。

但是，生活在澳大利亚大陆的动物却非常幸运。由于地壳运动，澳大利亚同其他大陆分开了。所以，后出现的哺乳动物就不能到达这块地方。鸭嘴兽的祖先就得以在此生息繁衍，并且一直保存着原始的状态。

鸭嘴兽是原始哺乳类动物，在经历了千百万年的沧桑变化后而生存下来，实在是一个奇迹。通过科学家解剖才发现它的大脑比较发达，比较机警，能很好地适应环境，其自我防卫能力也是相当强的。

Hai Yang Zhong De Huo Hua Shi | 海洋中的活化石

鹦鹉螺为何称为活化石

鹦鹉螺属软体动物头足纲，早在5亿多年前就出现了，分布在全球范围内有350多种。与它同类的章鱼、鱿鱼、乌贼等在进化发展中身体发生了很大的变化，它们的外壳有的转入身体里面。

可是唯独鹦鹉螺的壳自从演变成现在的模样就没有多大变化，所以它是现存软体动物中最古老、最低等的种类，也是研究生物进化、古生物与古气候的重要材料，因此有“活化石”之称。

鹦鹉螺稍有变化的是它们的生活的环境从原来的浅海移居到200~400米的深海中。白天在水下，晚间才浮出水面。

鹦鹉螺奇妙的结构

鹦鹉螺的足在头部，所以称“头足类”，它依靠身体前端的几十支触手搅动水流进食。如果鹦鹉螺要做前后水平运动，则是靠吸水排水；要做上下垂直运动则靠的是壳内众多的气室，气室间有一根充满血液的连接小管，充满气体就上升，排除气体就下沉。鹦鹉螺的气室是一间一间形成的，最外边的一间是最新的，也是最大的，最多的有38间。

鹦鹉螺壳的构造不仅美丽而且坚固，能够承受2000千克的压力。

鹦鹉螺的精密构造也是造物的奇迹。人类模仿鹦鹉螺排水，吸水的上浮、下沉方式，制造出了第一艘潜水艇。1954年世界第一艘核潜艇“鹦鹉螺号”诞生。

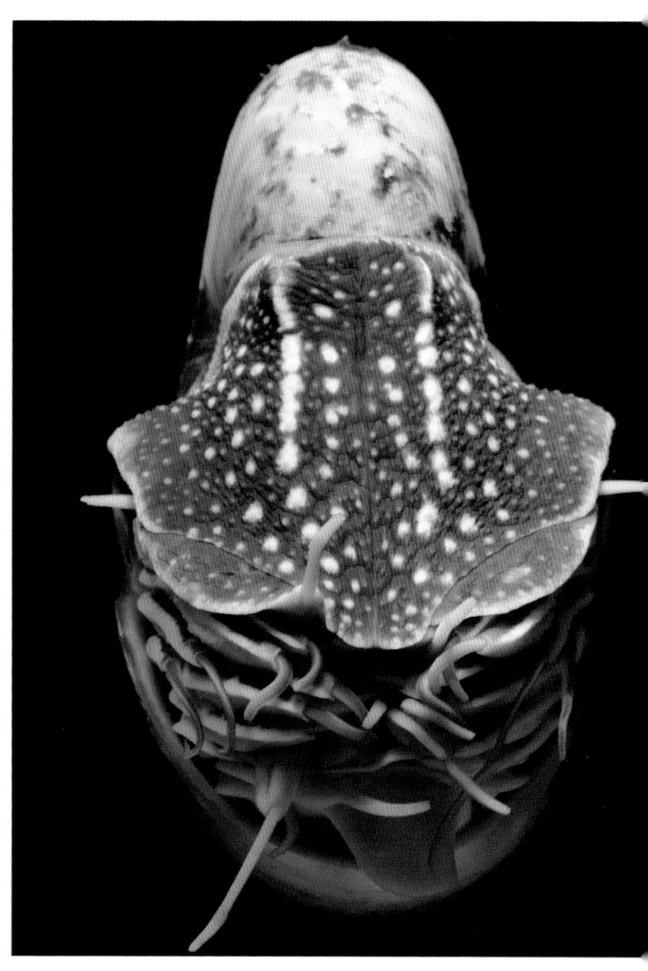

怪物种名片

名称：鹦鹉螺
类别：海洋生物
特征：色彩斑斓、构造奇特
分布：太平洋
出现时间：5亿年前

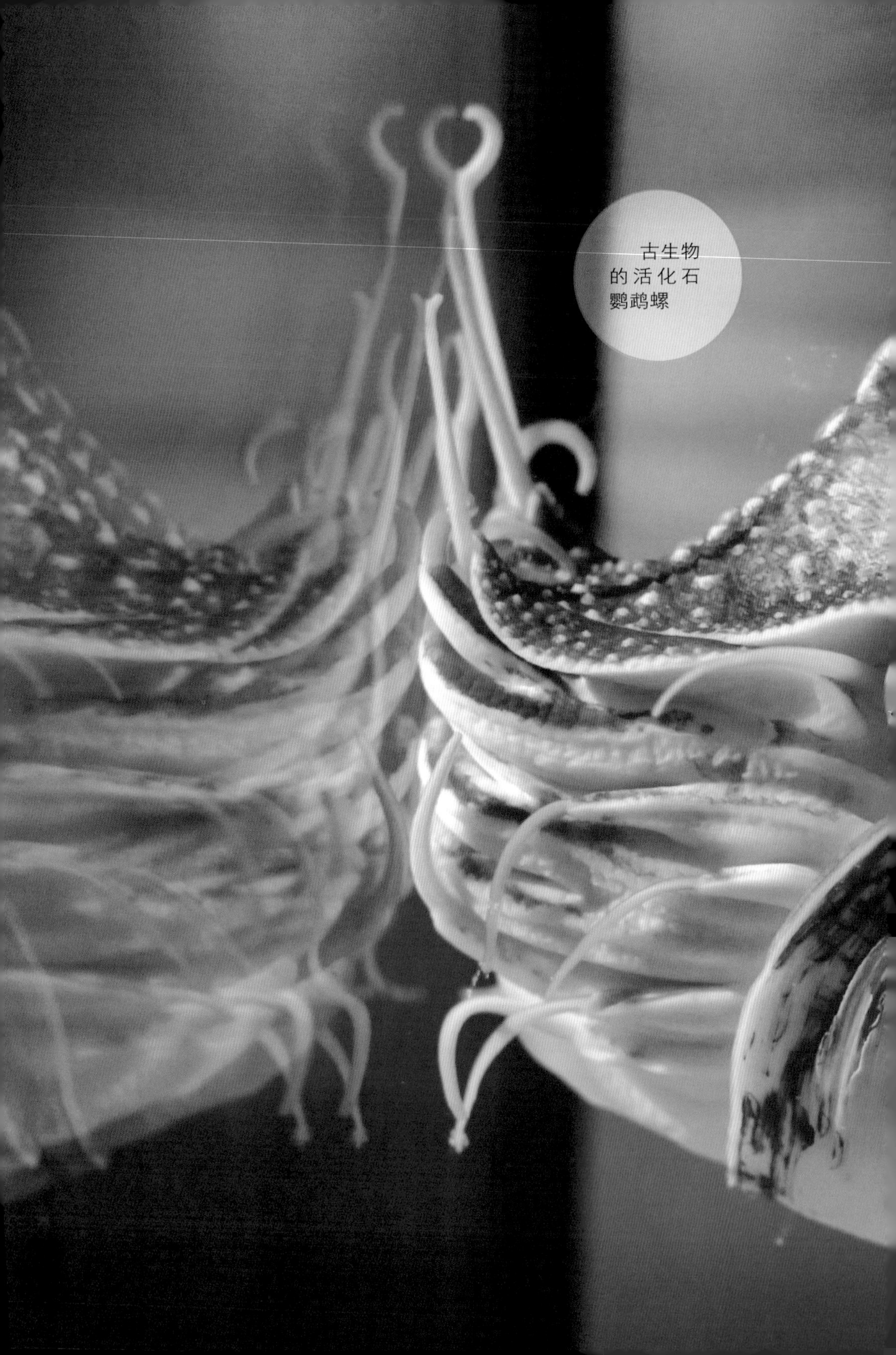

古生物的活化石
鹦鹉螺

鹦鹉螺有海底天文学家之称

鹦鹉螺气室上有许多环纹称为生长线。同一个时代的鹦鹉螺化石，其生长线数目是一样的。

但是，这些生长线数目随年代的不同而变化，研究化石的鹦鹉螺，从远古至现在，生长线数目越来越多。据研究，生长线的数目与当时月亮绕地球一周所需要的天数是一致的，远古时期，月亮距离地球近，绕地球一周的天数少，所以生长线的数目少。

现在的鹦鹉螺的生长线有30条，正好与现在月亮绕地球一圈所用的时间一致。

鹦鹉螺壳记录了月亮与地球的旋转的关系，所以鹦鹉螺有“海底天文学家”的美誉。

鹦鹉螺化石的发现

鹦鹉螺类的形状多种多样，有些角石是直的，叫作“直角石”，而有些角石则弯曲或旋卷得很厉害。

角石的形体比较大，一般长几十厘米，有的直角石甚至超过一米。世界各地都发现有鹦鹉螺类化石，目前发现的最早的鹦鹉螺类化石是在我国的东北。

1999年10月，南京地质古生物研究所在湖北省宜昌长三峡地区发现了3块大型鹦鹉螺化石，其中最长的一块长1.62米。

这次发现的古鹦鹉螺化石名为中华种，全称为“中华震旦角石”，其活体的生存时代为距今4.6亿年前的奥陶纪中期。

2011年9月，一个5岁的英国小女孩在英国洛斯特郡的科茨沃尔德水上公园玩耍，在泥石中发现一块形状像蜗牛壳、浑身带刺儿的“大石头”。

经古生物学者内维尔鉴定，这是一块鹦鹉螺化石，可追溯至距今1.6亿年前。

You Si Zhi Yan Jing De Hou 有四只眼睛的鲎

四眼活化石鲎

鲎，俗称“三刺鲎”、“两公婆”、“海怪”，因其长相既像虾又像蟹，因此人们又称之为“马蹄蟹”，是一类与三叶虫一样古老的动物。鲎的祖先出现在地质历史时期古生代时期，当时恐龙尚未崛起，原始鱼类刚刚问世，随着时间的推移，与它同时代的动物或者进化，或者灭绝，而唯独鲎从4 亿多年前问世至今仍保留其原始而古老的相貌，所以鲎有“活化石”之称。

鲎有4只眼睛，头胸甲前端有两只小眼睛，小眼睛对紫外光最敏感，说明这对眼睛只用来感知亮度。在鲎的头胸甲两侧有一对大复眼，每只眼睛是由若干个小眼睛组成。

人们发现鲎的复眼有一种侧抑制现象，也就是能使物体的图像更加清晰，这一原理被应用于电视和雷达系统中，提高了电视成像的清晰度和雷达的显示灵敏度。为此，这种亿万年默默无闻的古老动物一跃而成为近代仿生学中一颗令人瞩目的“明星”。

美洲鲎分布于墨西哥湾沿尤卡坦半岛到美国缅因州沿岸。南方鲎分布于印度、越南、新加坡、印度尼西亚。圆尾鲎，分布于印度、孟加拉、泰国、印度尼西亚。我国广西钦州地区沿海也有分布。

怪物种名片

名称：三刺鲎
类别：动物
特征：既像虾又像蟹
分布：亚洲、美洲沿岸
出现时间：4亿年前

与三叶虫一样古老的鲎

“海底鸳鸯”的美称

鲎为暖水性的底栖节肢动物，栖息于20~60米水深的砂质底浅海区，喜潜砂穴居，只露出剑尾。它们经常以小型甲壳动物、小型软体动物、环节动物、星虫、海豆芽等为食，有时也吃一些有机碎屑。

中国鲎在我国福建沿海从4月下旬至8月底均可繁殖。自立夏至处暑进入产卵盛期。大潮时多数雄鲎抱住雌鲎成对爬到沙滩上挖穴产卵。每当春夏季鲎的繁殖季节，雌雄一旦结为夫妻，便形影不离，肥大的雌鲎常驮着瘦小的丈夫蹒跚而行。此时捉到一只鲎，提起来便是一对，故鲎享“海底鸳鸯”之美称。

像宝剑一样的剑尾

从外表上看，鲎的整个身体就像一个瓢，全身棕褐色，灰不溜秋的，唯独有一个长长的，好像剑一样的尾巴，其他就没有什么特别之处了。

其实，鲎的身体仔细看可以分为头胸部、腹部和剑尾三部分。在头胸部长有6对足，其中后5对围绕在嘴巴周围，当它吃东西的时候，这5对足就像“牙齿”一样，帮助它咀嚼食物。

在鲎的腹部长有坚硬的腹甲和腹足，这样它不仅可以用胸足在泥沙上爬行，还可以利用腹足在水中自由自在地游泳，并且借助剑尾的帮助钻入泥沙中。鲎那长长的剑尾不仅是一种有力的工具，还是它防御敌害的有力武器。坚硬的剑尾就像宝剑一样，可以刺入敌害的身体，给敌害重重的一击，置敌害于死地。

蓝色的血液

鲎的血液竟然是蓝色的。我们人类和大多数动物的血液是红色的，这是因为在我们的血液当中含有铁离子，当铁离子和氧结合后，形成血红蛋白，使血液呈红色。

而鲎的血液当中含有铜离子，当铜离子和氧结合后，形成血蓝蛋白，使血液呈蓝色。从其血液中提取的细胞溶解物经低温冷冻干燥而成的生物试剂，可专门用于细菌内毒素的覆没，称为鲎试验。

Dang Chong Wu Si Yang De Huo Hua Shi 当宠物饲养的活化石

吉林市发现远古生物

2010年7月12日，吉林省吉林市民徐树立与同事们，在吉沈线黄旗铁路道口北侧约100米外的铁道旁低洼处的小水泡子里，偶然发现了一些“四不像”的奇特生物，这种生物既像虾，又像鱼，还像蝌蚪。这些“四不像”生物长相非常奇特：身长五六厘米，头部有一个大大的壳，身体慢慢变细，尾部类似于蚯蚓的身体，肚皮呈红色，上面几乎全部是触角。

就整体而言，它很像皮皮虾、蝌蚪

怪物种名片

名称：佳朋鲎虫
类别：动物
特征：既像虾，又像鱼，还像蝌蚪
分布：中国
出现时间：2.5亿年前

与蚯蚓的综合体。粗略计算，在这小水泡子里，这样的“四不像”竟有数百只。它们很少静止在水中，通常都在一直游动，行动非常自如。

徐树立认真地观察了半天也不知道这是什么。他说，自己活了50多年，还从没见过这种东西。他现场询问了一些人，结果没人知道这“四不像”的来历。于是，徐树立在水泡子里抓了4只，放在一只矿泉水瓶内带回了单位。

“四不像”到底是什么

吉林市野生动物保护协会有关人员，在经过查阅资料与研究之后，得到肯定的答案：这种“四不像”学名佳朋鲎虫，俗称“三眼恐龙虾”，是已知的鲎虫中我国唯一发现的一种。

据了解，三眼恐龙虾的历史可回溯至2.5亿年前恐龙时期，它是一种甲壳纲动物，外形类似大螃蟹的缩小版。与它类似的生物族群有：龙虾、鳌虾、水蚤、生阴虱等。也有一小部分的族群是类似咸水虾、神仙虾等。

三眼恐龙虾的生命周期并不长，大约90天，成虫体型可以有0.025米至0.075米。专家称，因为它有3只眼睛，两侧黑色的复眼，还有中间一只白色感光的眼睛，因此称为三眼恐龙虾。

三眼恐龙虾如何生存

专家称，三眼恐龙虾多产于天然池塘，但池塘在干旱时期都会干涸消失，成虫会因为缺乏水分而干死，但是它们的幼虫卵却会因为干涸而进入另一个生物界的特殊现象——滞育期。

那么它们的滞育期到底有多长呢？在应该进入滞育期的时候，雌性三眼恐龙虾会发出一个生物信息，告诉它们的卵不要进行孵化，在它们的卵产下的13~27天，它们会停止继续孵化。而这项生物信息也同时通知了它们的卵，在下一个雨季来临的时候，就是该进行孵化的时候。

这项生物信息或许是一个化学反应，经由雌性三眼恐龙虾来告诉虫卵，进而停止它们的生物时钟。

也就是这项重要的生物信息——滞育期，带着三眼恐龙虾逃过了恐龙灭绝的年代。

在冰河期之后，大地苏醒，三眼恐龙虾也跟着继续完成它们奇妙的生命旅程。

在这走走停停的生命旅程中，三眼恐龙虾完全没有进化，保存了原始长相。而它们的滞育期到底有多长？

据科学家的研究，只要保持在干旱状态下，它们的滞育期至少有25年之久。也就是说一个三眼恐龙虾的卵摆上25年后，再将它丢到水里，它还是会孵化的。

Shan Yu
Da Mai Fu
De Tang Lang Xia

善于
打埋伏的螳螂虾

螳螂虾是螳螂还是虾

提到虾蛄，很多人都不感到陌生，虾蛄背腹扁平、全身披盔戴甲，热带的色彩斑斓，样子十分好看。因其长着一对酷似螳螂的大螯，所以叫作“螳螂虾”。螳螂虾既不是螳螂，也不是虾，这种生物与龙虾和虾有亲缘关系。

螳螂虾有很多别名，大连叫作“虾爬子”，北京等地称“皮皮虾”，上海称作“赖尿虾”，我国南方和东南亚一带称之为“濑螂虾”。在北方寒冷水域，螳螂虾的个头较小，一般为0.1米左右，而在南方温暖水域则能长至

怪物种名片

名称：螳螂虾

类别：海洋生物

特征：长着一对酷似螳螂的大螯

分布：世界沿海近岸浅水泥沙或礁石裂缝内

出现时间：1.5亿年前

0.3米，一只的重量可以达至400克左右。螳螂虾的身体可生长至0.38米，它的爪子在速度上有超常之处，其击打速度相当于子弹的飞行速度，产生的冲击足以打破水族箱玻璃。此外，螳螂虾的另外一个显著特征是长着一对茎状眼睛，科学家认为这是动物王国中最复杂的目镜传感器。

螳螂虾的攻击速度

一些品种的螳螂虾有一种强有力的武器——藏缩在身体下面的一对锤。当它攻击猎物时可以在1／10万秒内将锤弹射出去，弹射的冲击力度最高竟能达至60千克，螳螂虾在动物攻击速度排行榜上排名第二，仅次于兵蚁的大颚。

这种高度聪明的猎食者拥有一对强大的前爪，其发动攻击的力量相当强大，甚至可以击碎玻璃，切断人的指头。

披着钙化装甲的龙虾、立着脚尖悄然路过的螃蟹也常成为螳螂虾的攻击对象。螳螂虾两个锤节的猛烈打击可以击毁蟹的神经系统并使它当场毙命。用它头下带倒刺的臂飞快地刺向食物，这一点颇像螳螂。

螳螂虾被视为螃蟹的天敌

有一种有掌节的螳螂虾更是厉害。有掌节的螳螂虾体重较轻，其保护装置已进化得能够抵御连续不断的打击，像古罗马的角斗士，它们战斗时躲在由卷曲的尾巴做成的盾牌后面，以躲避敌害的攻击。螃蟹坚硬的壳使它免受许多敌害的打击，但它却抵御不了这种螳螂虾的凶猛进攻。螳螂虾

具有一双
神奇爪子的
螳螂虾

首先攻击螃蟹的腿，先敲掉螃蟹几条腿，使它不能退，不能逃，然后用灵巧的嘴把受伤的蟹拖到洞里吃掉。

螳螂虾的生性

螳螂虾是世界上运动速度最快的动物之一，即使在水的阻力下，它的速度也十分惊人。螳螂虾极为好斗，而且常常表现得无所畏惧，它能抓住比它身体大10倍、重10倍的章鱼类动物。

鱼类是螳螂虾的主要敌害。如果螳螂虾被抓住后，它们总要反抗，挣扎的螳螂虾很难被鱼咽下去，许多又被原封不动地被鱼吐了出来。

螳螂虾因何发出荧光

澳大利亚科学家最新发现，一种叫螳螂虾的海里动物通过发出色彩鲜艳的荧光来恐吓警告敌害或者吸引性配偶，这种利用荧光来进行信息交流的行为，在海里动物中还是首例。

这种螳螂虾能长至0.22米长，是海底一种凶猛的食肉动物。它能从洞穴里突然窜出，用它强有力的前肢抓住游过的鱼来当作食物。当螳螂虾需要保卫领地或者抵抗敌对者时，它就会摆出警惕的姿势，并利用身上的黄色荧光斑纹来增强这种警告信号。

当螳螂虾进行警告或者性吸引时，它把头和胸高高抬起，并展开它那吓人的附属肢体，这使得它看起来更加高大威猛，同时也能突显出它身上的颜色斑纹。这些色斑不仅反射普通的黄光，同时也发出黄色荧光。

研究学者指出，由于水的光过滤作用，一般的视觉信号在水里是不可靠的。但由于荧光能够与水里由于蓝天光线的反射而成的蓝光形成强烈的对照，因此荧光在水里比在空气中更鲜明。

螳螂虾复杂的视觉系统

螳螂虾还具备一种复杂的色彩视觉系统。澳大利亚昆士兰大学副教授贾斯廷·马歇尔说："那些低级甲壳类动物的颜色接收能力比人类要强得多，比如它们能看得见我们肉眼所无法看得见的紫外线。在一个研究性刊物上，马歇尔曾经展示过一种澳大利亚相思鹦鹉，这种相思鹦鹉的翅膀会产生荧光，已被证实是充当信息交流的工具。这是除人类之外，在动物王国里动物利用荧光进行信息交流的首例。

Suo Luo Shu Shen Shi Zhi Mi 桫椤树身世之谜

桫椤树在各地被发现

2003年，中国林科院专家在位于伏牛山区的河南省西峡县米坪乡进行科学考察时，发现了大面积原始桫椤树群落。

据米坪乡党委书记介绍，米坪乡桫椤树有近30000棵，呈群落状分布。其中白石尖一处群落共有6000余棵，一些高大桫椤树已有500多年历史，要7个人才能合抱起来。

这么大面积的桫椤树，在国内尚属首次发现。

2008年3月20日，广东省东莞市樟木头镇林业工作站工作人员在东莞市广东观音国家森林公园普查园区内的名贵树木时，发现了几棵国家一级保护植物——恐龙时代的物种桫椤树。据悉，这是在东莞首次发现这种孑遗植物。

这些桫椤树长得有点奇特，有一半是躺在地上的，就像是一把靠背椅，主杆长4米，直径约0.25米，叶子长达2米多。普查小组在附近还发现了几棵稍矮些的桫椤树。

2011年，广西壮族自治区河池市南丹县八圩瑶族乡发现300多棵植物界活化石桫椤树。原始桫椤树群落的发现地点位于八圩瑶族乡拉友村洞多屯周边山坡，300多棵桫椤树散落生长，最大的直径可达0.2米，4米高，枝繁叶茂。

2011年8月29日，四川泸州市纳溪区在调查旅游资源时发现，在该区白节镇的

生长在河岸两边的桫椤树

天堂沟、关竹岩沟和大红岩沟的深谷中生长着上万棵桫椤树，形成极为少见的桫椤“金三角”。

怪物种名片

名称：桫椤树
类别：植物
特征：半阴性树种，喜温暖潮湿气候
分布：亚洲亚热带地区
出现时间：1.8亿年前

桫椤树的生活习性

桫椤树为半阴性树种，喜温暖潮湿的气候，喜生长在冲积土中或山谷溪边林下。

在距今约1.8亿万年前，桫椤树曾是地球上最繁盛的植物，与恐龙同属“爬行动物”时代的两大标志。

但经过漫长的地质变迁，地球上的桫椤树大都罹难，只有极少数在被称为“避难所”的地方才能追寻到它的踪影。

闽南侨乡南靖县乐主村旁，有一片亚热带雨林。它是我国最小的森林

生态系自然保护区。为“世界上稀有的多层次季风性亚热带原始雨林”。

在那里有世上珍稀植物桫椤树。桫椤树名列我国国家一类8种保护植物之首。新西兰是桫椤树产地之一，它也是新西兰的国花，被人们所保护着。

桫椤树之谜

桫椤树是地质年代分期的中生代侏罗纪、白垩纪时期留下的珍贵树种。桫椤的出现距今约3亿多年，比恐龙的出现还早1.5亿年，是研究植物形成、植物地理学及地球历史变迁的好材料，具有重要的保护价值和科学研究价值。

桫椤树本来是恐龙的食物，它与恐龙共生共荣。可是，为什么恐龙早已经灭绝了，而桫椤树却独自留存？长期以来，这个问题成为人们难以破解的秘密。

Qian Nian
Yin Xing Wang
Zhi Mi

千年银杏王之谜

银杏树因何有活化石之称

银杏树是一种有特殊风格的树，叶子夏绿秋黄，像一把把打开的折扇，形状别致美观。2亿年以前，欧亚大陆到处都生长着银杏树类植物。后来在200多万年前，第四纪冰川出现，大部分地区的银杏树毁于一旦，残留的遗体成了印在石头里的植物化石。在这场大灾难中，只有在中国还保存了一部分活的银杏树，绵延至今，成了研究古代银杏树的活教材。所以，银杏树是一种全球最古老的孑遗植物，人们把它称为“世界第一活化石。”

怪物种名片

名称：银杏树
类别：植物
特征：夏绿秋黄，状如折扇
分布：中国
出现时间：2亿年前

银杏树是一种难得的长寿树，我国不少地方都发现有银杏古树，特别是在一些古刹寺庙周围，常常可以看见有数百年和千年有余的大树。像有名的庐山黄龙寺的黄龙三宝树，其中一棵是银杏树，直径近两米，北京潭柘寺的银杏树年逾千岁。而世界上最长寿的银杏树还应数我国山东省莒县定林寺中的大银杏树，据说是商代栽植的，距今还可以找到天然的银杏树林，这些都证明我国是银杏树的老家。

千年“老神树”银杏树

在有“中国银杏树之乡”之称的山东省郯城县新村乡，有一棵盛名远播海内外的“银杏王”。这棵经历了数千年风雨的银杏树依然茁壮，被喻为“老神树”。

老神树生长在“银杏古梅园”内。人们这样形容老神树：“枝繁叶

世界第
一活化石
银杏树

茂，遮天蔽日，覆盖亩许，树身雄迈，可聚七八人之怀。置身其下，神气清凉；仰观其上，惊骇天然；斗转星移，朗朗乾坤，经3000余载；历数沧桑，冷眼春秋，博大精深，气宇轩昂；聚日月之灵秀，蓄天地之精华，庇荫世人”。

老银杏树年寿几何

关于这棵银杏树的年岁，当地一位86岁老人讲，他的祖上传了一本书叫《北窗琐记》，书中记载的是新村的人文地理传说，其中关于“老神树”的内容占了很大一部分，开篇就是4句诗：“老树传奇十八围，郯子

课农亲手栽。莫道年年结果少，可供衹园清精斋”。这其中的“郯子课农亲手栽”说的就是银杏树的来历。郯子是周朝时郯国的国王，老郯子就是后来“孔子师郯子”中的郯子的先人。老郯子当年在新村建了“课农山庄”，在山庄的周围亲手栽下了这棵银杏树。据此考证，这棵银杏树真有3000岁了。

银杏王的神秘现象

这棵银杏树虽然经历了3000年的风雨，但仍然郁郁葱葱，雄伟挺拔。据老汉讲，这棵树在近50年内就遭受了两场大的火灾。由于年久日深，树身也开始朽烂，被打上了两次铁箍。

虽然经历了这么多的磨难，老神树却像有着灵气一样，树底部经过人工嫁接的枝条每年都结果，年产干果300多千克，有七八种不同的品种。

这棵树“发芽早于春，落叶迟于冬”。每年一出正月，别的树还是干枝秃梢，它早已绽出嫩芽；直至冬至后才落叶。更神奇的是，它落叶时集中在4个时辰内一次性落完。在万木凋零的深冬季节，老神树刹那间抖落满树金叶，宛如千万只金蝶空中飞舞。

2001年7月，一场暴风雨把老神树的一个树枝刮断，一个多月后，有人把它栽植在老神树的旁边。想不到第二年春天这棵断树发芽了，并且每年春天都能开出一大堆花。这棵树后来被命名为“飞来树”。

很多树种有压条繁殖的能力，就是将没有脱离母体的枝条压入土中，或在空中以湿润物包裹，待发根后再将其脱离母体。但银杏树很难通过压条繁殖，这个树枝能够在脱离母体一个多月后再成活，让人难以理解。

Shui Shan
Dao Di Shi
Shui Fa Xian De

水杉
到底是谁发现的

幸存的活化石

水杉是一种古老的植物，远在一亿多年前的中生代上白垩纪时期，水杉的祖先就已经诞生在北极圈附近了。当时地球上气候温暖，北极也不像现在那样全部覆盖着冰层，后来，由于气候、地质的变化，水杉逐渐向南迁移，分布到了欧、亚、北美洲。根据已发现的化石来看，水杉几乎遍布整个北半球，可说是繁盛一时。

新生代的第四纪，地球上进入了冰川时期，水杉抵抗不住冰川的袭击，从此绝灭无存，只剩下了化石遗迹。可是实际上它并不是真正的全军覆没。当世界各地的水杉被冰川消灭时，我国却有少数水杉躲过了这场浩

劫，幸免于难。

其原因是在第四纪，我国虽然也广泛分布着冰川，但我国的冰川不像欧美那样成为整块的巨冰，而是零星分散的山地冰川，这种山地冰川从高山奔流直下，盖住了大部分地区，却也留下了不少无冰之处，一部分植物就可以在这样的“避难所”中继续生存。

我国有少数水杉就是这样躲进了四川、湖北交界的山沟里，活了下来，成为旷世的奇珍。这些幸存的活化石像“隐士”那样，在山沟里默默无闻地生活着。

活水杉带来的影响

活水杉的被发现，在当时的确轰动了世界。有的报纸把水杉誉为“世界植物界的一颗明星”，还有人把水杉比作“植物界的恐龙”，是“恐龙再世”等。

不管怎么说，我国植物学家把

最古老的植物之一水杉树

这个古老的孑遗树种重新发掘出来，并赋予新的生命力，使它再度走上世界舞台，为人类造福。

唤起关注水杉第一人

据有关文献记载，1941年10月底，原国立中央大学森林系教授干铎由湖北西部往四川重庆，路过境内2500米左右的谋道镇，他在一条名曰“磨刀溪”的小溪旁发现有一株较为奇特而不常见的大树，当地俗称“水桫”，引起了他的注意。当时树叶已经落尽，未能采到标本。

专家考证后确定，干铎首次在磨刀溪看到水杉的时间应为1941年冬天，应该在12月上旬或以后。以往的研究和文献中都没有注意到水杉的物候和历法上的问题。从历书记载和物候观测结果显示，在农历十月看到水杉的落叶现象是正常的。也就是说，干铎先生在十月（农历）看到落叶的水杉的记载也是无误的。

最早研究水杉的学者

从时间顺序、进行过程以及事物证据，王战首次采集水杉标本时间应为1943年7月21日。因此，王战先生是第一个开始研究水杉的学者。

怪物种名片

名称：水杉
类别：植物
特征：珍稀的孑遗植物
分布：中国
出现时间：1亿年前

他首先采到了比较完整的水杉标本，并且从植物分类学的角度初步确定为水松，并将标本进行进一步研究，在水杉的采集、命名和研究中起了极其重要的作用。

水杉在1948年被正式命名后，受到中国政府和世界的重视，成立了“中国水杉保存委员会”，还筹设了“川鄂水杉保护区”。从此，水杉的保护和发展进入了一个新的发展时代。

Si Er Fu Sheng De Huo Hua Shi 死而复生的活化石

考察新发现

崖柏，仅产于我国重庆市的城口县大巴山南麓，1892年由法国传教士法吉斯在城口南部首次发现。

1892年，一个法国传教士在我国重庆市的城口县第一次采集到崖柏标本。然而，这种我国特有的国宝级植物，却在20世纪90年代神秘消失了。

1998年，世界自然保护联盟宣告崖柏灭绝，我国《国家重点保护野生

植物名录》也将它的名称抹去。

然而，1999年10月，重庆市国家重点保护野生植物骨干调查队在城口考察时，重新发现了已“消失”的崖柏野生居群，并在2000年的《植物杂志》上，向世界宣布：“崖柏没有绝灭”。

由崖柏的结子母株非常稀少，自然更新困难。野生居群现处于极度濒危状态，亟待加强保护。

2011年4月25日，重庆开县境内发现了一棵高约30米，围径2.37米的崖柏，成为全世界迄今为止发现的最为高大、粗壮的崖柏。据中国林科院专家的初步估算，其树龄约为100年。

2012年7月26日，重庆大巴山国家级自然保护区管理局工作人员在野外调查工作中，在城口县咸宜乡明月村杨家岩意外发现一棵崖柏树。

这棵崖柏生长在一处绝壁之上，其根部深深的深入崖壁缝隙之中，将整棵树牢牢地固定在了悬崖之上，树龄约为500~600年，就目前大巴山自然保护区调查到的崖柏而言，发现这样粗大、古老的崖柏单株尚属首次，堪称崖柏“树王”。

怪物种名片

名称：崖柏
类别：植物
特征：生长于高山绝壁之上
分布：中国重庆
出现时间：1亿年前

崖柏世界级的活化石

崖柏堪称神木、国宝，不仅具有极珍贵的收藏价值，更难得的是它灵验神奇的药用价值。崖柏有着天地造化的纹理，造型的根艺作品确是绝无仅有，这是天然的艺术，不容雕刻。

崖柏那令人神清气爽之奇香和神奇灵验的药用功能，更是无可替代。

长期崖柏服用使人润泽美色，耳聪目明，轻身延年、益智宁神。据

研究分析，崖柏含有极为丰富的黄酮类物质，这种物质很珍贵稀有，不仅能消炎杀菌，更有着极佳的抗氧化、抗衰老作用。

崖柏何以万古长存

崖柏源于3亿多年前，与恐龙处于同一时代。恐龙早已灭绝，而崖柏为何能在高寒、高热、高山岩层这样的极端环境中生存？其根又为何在树林消失之后还能万古长存？

据考证，崖柏在白垩纪时期达到顶峰。白垩纪晚期，由于造山运动和大陆性气候的出现，崖柏等裸子植物开始走向衰败。

崖柏被世界林木研究专家组植物学家称为世界上最稀有、最古老的裸子植物，被世界自然保护联盟公布为濒危树种，是世界上仅存的植物活化石，由此被喻为“中国国宝”、“植物中的大熊猫”。崖柏对研究古地理、古生物有着重要的作用。

有道是：千年松，万年柏。崖柏以其独特的形态、纹理、材质、味感、生命力被誉为“柏中之王”。

Bu Lao De Huo Hua Shi Su Tie 不老的活化石苏铁

最珍贵的苏铁

被公认为“植物元老”的苏铁，早在两亿多年前，即在古生代二叠纪已诞生于世上，经过长期冰川侵袭，火山喷发和沧海桑田的变迁，几乎使它濒临绝境。只有少数后代经过顽强拼搏，才终于幸运地留存下来。至今成为世界观赏花木中珍贵的活化石，受到千百万人的喜爱。

据介绍，苏铁类植物现仅剩不足300种，我国仅分布24种。是国家一

级保护物种，1997年发现，由于其奇特的叶片和极高的园艺观赏价值引起轰动。但由于保护没有及时到位，野生个体数量由发现之初的2000棵已经锐减至600棵左右。

苏铁独特生物形态

苏铁的形态相当独特，树干坚硬，呈圆柱形，皮色深褐，附着许多有如鳞甲的柄痕，树高可达数米，羽状复叶，每片长约一米左右。

在粗硬的叶脉两旁，生有无数深绿色的小叶，好像孔雀的尾羽，簇生于树干的顶端。它那种威猛、爽朗而又超脱的英姿，恍如古希腊时代浪迹天涯劫富济贫的豪侠，显得既雄风飒爽，又典雅深沉。不论在哪一种园林景观之中，都富有极高的欣赏价值。

例如把它布置在大型花坛的中央或豪华大厦门前的两侧，它均会表现出不凡的轩昂气势。还有不少插花高手应用它的叶子，或直或弯地作为叶材，创作出一流的艺术插花作品来。

苏铁名称的由来

苏铁原产于我国的南部。它很爱吸收铁元素，如果盆里放入几枚生锈的铁钉，它的生势更为的旺盛。由此人们遂称它为“铁树”。

怪物种名片

名称：苏铁
类别：植物
特征：树干高大坚硬
分布：中国、日本、菲律宾和印度尼西亚
出现时间：2亿年前

自古以来，那些从未见过苏铁开花的人常把难以实现的事情称之为“铁树开花”。

有些青年人在谈情说爱，山盟海誓时会说“除非海枯石烂，铁树开花，否则，我爱你永不变心……”。

其实，苏铁的树龄凡达到20年以上都会相继开花的。在北方开得少些，在热带、亚热带地区开得多些。它们属于雌雄异株树种，雄株能开出柱状的黄花，含有许多花粉。

雌株则开出酷似向日葵的圆花，经借助虫媒或风力得到授粉之后，便可结成红色小球般的种子来，用以大量繁殖后代。

1984年6月，北京定陵博物馆的院子间，有一棵年逾花甲的苏铁雌株就开了一朵大如圆碟的巨花，历时280多天才凋谢，吸引了中外大批游客。这说明铁树在大江南北都可以开花。

Shou Ming Zui Chang
De Dong Wu
Huo Hua Shi

寿命最长的动物活化石

有名的“活化石”绿海龟

绿海龟是与恐龙同时代的生物，最早诞生于2.5亿年前的古生代末期。它们一出生就爬向大海，随后人们再也找不到它们的身影。这段失踪的时光被形容为“迷失的岁月”。

绿海龟因其身上的脂肪为绿色而得名。它的身体庞大，外披扁圆形的甲壳，只有头和四肢露在壳外。

绿海龟早在两亿多年前就出现在地球上了，是有名的“活化

怪物种名片

名称：绿海龟
类别：海洋动物
特征：脂肪为绿色
分布：亚洲、非洲沿海地带
出现时间：2.5亿年前

石”。据《世界吉尼斯纪录大全》记载，绿海龟的寿命最长可达152年，是动物中当之无愧的“老寿星”。也正因为绿海龟是海洋中的长寿动物，所以，沿海人将绿海龟视为长寿的吉祥物，把绿海龟视为长寿的象征，并有“万年龟”之说。

海洋中目前共有8种海龟，其中有4种产于我国，主要分布在山东、福建、台湾、海南、浙江和广东沿海，我国群体数量最多的是绿海龟。绿海龟常循洄游路线在沿岸近海的上层活动，它们到25岁左右时才发育成熟，每当繁殖季节到来，它们便成群结队地返回自己的“故乡”，不管路途多么遥远，它们也能找到自己的出生地，并把卵产在那里。

如果绿海龟出生地的环境被破坏，它们就有可能终生不育。绿海龟产卵数最多的可达200个左右，最少的也在90个以上，卵的数量虽说比较多，但是孵化成活率很低。

当小绿海龟出壳后，首先要自己从沙堆里面钻出来，然后急急忙忙地奔向海洋。从沙坑到海边对小绿海龟来说的充满危险的，有的幼龟跌入沙坑中，拼命挣扎也爬不出“陷阱”。同时它们的天敌，例如各种海鸟不断在空中盘旋，一旦小绿海龟被发现，就会变成这些天敌的美味佳肴。最后

最长寿的
动物大海龟

能顺利到达海洋的只是一部分，这些幸存者将在海中生长发育，繁衍后代。

绿海龟性别的秘密

绿海龟是怎样找到自己的“故乡”的，目前还是一个未解之谜。生活在我国沿海的绿海龟，其产卵期在每年的4~10月。这时候，每当晚上，它们一个接一个地从海中悄悄爬上沙滩，用后肢挖一个宽0.2米左右，深约0.5米的坑，然后开始产卵。

卵呈白颜色，大小和乒乓球差不多。由于卵成熟的时间不一致，它有时要分几次才将卵产完。绿海龟产完卵后便用沙将洞口堵住，沙

滩在阳光的照耀下，温度比较高，卵全靠自然温度孵化。绿海龟卵不但靠自然温度孵化，而且其性别也是由温度的高低来决定的，温度高时孵出的是雌性，温度低时孵出的是雄性。

绿海龟是通过什么办法来维持性别平衡的，这是一个十分有趣的问题。绿海龟除出生和繁殖在陆地之外，其主要生活在海中，它们既能用肺呼吸，也能利用身体的一些特殊器官直接从海水中获得氧气，它的足呈桨状，适宜于划水，绿海龟在陆地上虽然比较笨拙，但是到了海里却浮沉自如，它完全适应了海洋环境。

绿海龟的个体大、活动量大，其食量比陆龟大得多，它每天要吃很多的鱼、鱼卵、虾、甲壳类和软体类以及藻类， 它们的牙齿坚硬有力，能够轻易咬碎软体动物的外壳。

Bei Feng Wie
Shen Ling
De Jin Si Hou

被奉为神灵的金丝猴

发现滇金丝猴

1890年冬，法国传教士彼尔特在云南与西藏交界的察里雪山组织当地猎人捕获了7只年龄、性别不同的滇金丝猴，并将其头骨和皮张送到巴黎自然历史博物馆。

这也是全球第一次有关滇金丝猴的科学考察。

1897年，法国动物学家米勒·爱德华根据这7只标本首次为滇金丝猴进行科学描述，并正式命名。

但此后近一个世纪，科学界再也没有关于这个物种的任何信息，对这

个物种的生态习性都没有任何了解。

1960年，中国动物学家彭鸿绥教授偶然在云南德钦畜产公司看到了8张滇金丝猴皮张，意外地证实这个神秘物种仍然存在。

滇金丝猴的珍贵程度

滇金丝猴又叫“黑白仰鼻猴”，属于世界瞩目的珍稀濒危动物。

滇金丝猴仅分布在喜马拉雅山南缘横断山系的云岭山脉，金沙江、澜沧江之间面积约20000平方千米的区域内。

据初步调查，滇金丝猴尚存13个种群，约2000只，十分珍贵，白马雪山国家级自然保护区是我国滇金丝猴分布的

被人们奉为神灵的金丝猴

怪物种名片

名称：滇金丝猴
类别：动物
特征：身体背面，手、足为灰黑色，颈侧、腹面为白色
分布：中国云南
发现时间：1890年

重点地区，有8个种群，约1000只至1200只，占整个滇金丝猴种群的半数以上。

国际自然保护联盟把滇金丝猴列为亚洲灵长类的研究重点，国际野生动物基金会、日本灵长类研究所等国际机构等对滇金丝猴的研究给予高度

重视。

我国政府1977年就把金丝猴列为国家一级保护动物，继大熊猫后，金丝猴被列为第二国宝。

经过几十年艰辛的保护，虽然滇金丝猴的种群数量有了一定的增长，但至今仍未摆脱濒临灭绝的危险境地。

滇金丝猴被奉为“神灵”

滇金丝猴是世界上除人类以外最高的灵长类动物，长年生活在人迹罕至的高山地带，是生命力最顽强的灵长类动物。

滇金丝猴的活动范围从海拔2500~5000米，活动量大，活动范围广，猴群活动范围达上百平方千米。

滇金丝猴终年生活在冰川雪地附近的寒温性针叶林中，它们的食物与其他灵长类动物有很大的差别，主要以云杉、冷杉树的附生植物松萝、苔藓、地衣和蔷薇科、槭树科等阔叶树的嫩叶、花、果为食。随着季节不同，其采食植物的种类也有一定变化。

但它们从不食用村民的庄稼，这也是它长期以来能够与人类和谐相处，被当地少数民族奉为“神灵”的缘故。

Zang Lin Yang Da Qian Xi Zhi Mi | 藏羚羊大迁徙之谜

可可西里的骄傲

藏羚羊，又叫羚羊、长角羊。雄羊有对特殊长角，直竖头顶，角尖微内弯。通体被毛丰厚绒密，毛形直。头、颈、上部淡棕褐色，夏深而冬浅。

藏羚羊，被称为“可可西里的骄傲”，是我国特有物种，国家一级保护动物，全球性濒危动物，也是列入《濒危野生动植物种国际贸易公约》中严禁贸易的国际一级保护动物。

藏羚羊作为青藏高原动物区系

怪物种名片

名称：藏羚羊
类别：动物
特征：适应高寒气候
分布：中国青藏高原
保护级别：一级

的典型代表，具有很高的科学研究价值。藏羚适应高寒气候，其绒毛轻软纤细，弹性好，保暖性极强，被称为“羊绒之王”，也因其昂贵的身价被称为“软黄金”。

藏羚羊在每年夏季自然更换一次绒毛，但由于自然更换的绒毛是零星掉落，藏羚羊又是野生动物，因此换掉的绒毛随风飘散。目前还无人尝试收集自然更换的绒毛。藏羚羊善于奔跑和跳跃，是现存世界上跑得最快的动物之一，平均时速可达90千米，野外寿命最长13年左右。

生活在不毛之地

藏羚羊喜欢在有水源的草滩上活动，群居生活在高原荒漠、冰原冻土地带及湖泊沼泽周围。那些不毛之地，植被稀疏，只能生长针茅草、苔藓和地衣之类的低等植物，是藏羚羊赖以生存的美味佳肴。藏羚羊不仅体形优美、性格刚强、动作敏捷，而且耐高寒、抗缺氧。它们真是生命力极其顽强的生灵！它性怯懦机警，听觉和视觉发达，常出没在人迹罕至的地方，极难接近。

藏羚羊大迁徙

藏羚羊的活动很复杂，某些藏羚羊会长期居住在一个地方，还有一些则有迁徙的习惯。藏羚羊生存的地区东西相跨1600千米，季节性迁徙是它们重要的生态特征。藏羚羊在夏季的迁徙是全球最为恢弘的有蹄类动物大迁徙之一。

母羚羊的产羔地主要在乌兰乌拉湖、卓乃湖、可可西里湖，太阳湖等地，每年4月底，公母羚羊开始分群而居，未满一岁的公仔也会和母羚羊分开，至五六月，母羚羊与它的雌仔迁徙前往产羔地产子，然后母羚羊又率幼子原路返回，完成一次迁徙过程。藏羚羊每年按照同样的路线往返数千米，就是为了到五道梁交配，再去卓乃湖产羔。

它们不惧路途遥远，每年都义无反顾地奔走在可可西里的荒原上，给寂寥的荒原带来了生命的热潮。

每年10月末至11月初，几场大雪过后，可可西里开始进入一年一度的枯水期。这时，随着气温降至零下三四十度，大风刮到八九级，楚玛尔河沿岸开始沙尘滚滚。在这种极端天气和沙尘的条件下，为赶往交配地而引发的藏羚羊冬季大迁徙就开始了。

藏羚羊迁徙之谜

藏羚羊为什么要进行长距离的迁徙？其迁徙路线和迁徙方式是怎样的？藏羚羊的迁徙并不像以前人们所认为的是沿着单一方向进行，而是以主要产羔地为中心，呈辐射状迁徙。它们以卓乃湖为集中产羔地。

并不是所有的藏羚羊都进行长距离的迁徙。雌藏羚羊在产完羔后，多迁回其栖息地。对产羔地远的，便显示出一年一度大空间的迁徙，但对产羔地周边的藏羚羊群来说，其迁徙距离并不大。或者说，并不是所有的藏羚羊都进行一年一度大范围的迁徙。

Bin Lin Mie Jue De Zhen Xi Wu Zhong 濒临灭绝的珍稀物种

白鳍豚

白鳍豚又名白鳍豚，俗称“白鳍”、“白夹”、“江马”。白鳍豚属鲸类淡水豚类，为我国特有珍稀水生哺乳动物，有“水中熊猫”之称，也是世界上最濒危的鲸目动物。

白鳍豚仅产于我国长江中下流域，具长吻，身体呈纺锤形，全身皮肤裸露无毛，喜欢群居，性情温顺谨慎，视听器官严重退化，声呐系统特别灵敏。

怪物种名片

名称：白鳍豚
类别：海洋动物
特征：全身皮肤裸露无毛
分布：中国长江流域
保护级别：一级

白鳍豚至20世纪70年代由于种种原因使其种群数量减少，2002年估计已不足50头，白鳍豚不仅被列为国家一级野生保护动物，也是世界12种最濒危动物之一。2007年8月8日，《皇家协会生物信笺》期刊内曾经发表报告，正式公布白鳍豚功能性灭绝。

2011年7月6日，在长江中打鱼的渔民，发现3头白鳍豚出现在长江江面上。

西非黑犀牛

西非黑犀牛又名“西部黑犀牛”，是黑犀牛中最珍稀的亚种。西非黑犀牛曾广泛分布在非洲中西部的大草原上，但是近年来数量急剧下降，已经被列入极度濒危物种名单。在2000年全球就只剩下了10头，全部生活在喀麦隆北部。2006年国际自然保护联盟在调查时

上图：曾经生活在非洲中西部大草原上的珍贵的西部黑犀牛到2011年时已经全部灭绝。

没有发现一头，当时就被认为很可能已经灭绝。2011年11月10日，国际自然保护联盟经过对喀麦隆境内的全面调查，没有发现任何黑犀牛的踪迹，宣布此亚种灭绝。

金蟾蜍

金蟾蜍又称“环眼蟾蜍”，是美洲蟾蜍的一种，其雄性个体全身呈金黄色，因此被称作“金蟾蜍”。曾大量存在于哥斯达黎加蒙特维多云雾森林中一片狭小的热带雨林地带。

怪物种名片

名称：金蟾蜍
类别：动物
特征：全身呈金黄色
分布：美洲哥斯达黎加
保护级别：已灭绝

金蟾蜍是1966年由爬虫学者杰伊·萨维奇发现并正式命名，1989年以后，金蟾蜍再没有被发现。至2006年，金蟾蜍在《世界自然保护联盟濒危物种红色名录》中的保护状况为“灭绝”，由于全世界范围内两栖动物数量不断下减，金蟾蜍灭绝的实例也被许多相关学者研究证实，一般认为，造成金蟾蜍灭绝的主要原因为全球变暖和环境污染。

夏威夷乌鸦

夏威夷乌鸦是乌鸦的一种，曾广泛生活在夏威夷岛的开阔林地中。化石显示夏威夷乌鸦曾还经分布于其他一些岛屿。主要食物是蜥蜴、种子、昆虫等，有时会捕食大型的蝴蝶。

最后两个夏威夷乌鸦种群灭绝于2002年。现在的保护状况为“野外灭绝”。当地还有一些被圈养的夏威夷乌鸦，但是由于其剩余数量过少，该物种被认为已无法重新恢复。当地人曾经建立夏威夷乌鸦的再引回计划，但再引回的个体常被另一种濒危鸟类夏威夷隼捕杀，结果无法成功。

圣赫勒拿岛红杉

圣赫勒拿岛红杉是圣赫勒拿岛特有的树种，现在在野外已经灭绝了。当移民登陆这座南大西洋岛屿后，因为圣赫勒拿岛红杉的木质优良以及树皮可以用来鞣制皮革，所以被大量采伐。至1718年，圣赫勒拿岛红杉已经极为的罕见。在19世纪后期，当亚麻

上图：曾经广泛生活于夏威夷岛的夏威夷乌鸦站已经濒临灭绝。

下图：圣赫勒拿岛红杉由于木质优良被大量砍伐，目前只剩1棵。

上图：至2000年底，斯皮克斯金刚鹦鹉野生个体已全部灭绝。

种植园开始建立时，圣赫勒拿岛红杉的数量进一步减少。至20世纪中叶，只有一棵圣赫勒拿岛红杉幸存，而这一棵树是今天所有已知的栽培红杉的来源。

斯皮克斯金刚鹦鹉

斯皮克斯金刚鹦鹉被列为极度濒危物种，在巴西巴伊亚州的部分地区能发现它的踪迹。尽管这个物种的几个圈养种群存在于世，但最后为人所知的野生个体在2000年底消失。其他野生个体也不可能存活。造成野生斯皮克斯金刚鹦鹉绝种的原因，主要是雀鸟贸易的捕捉活动，而人类居住地也侵占了其生境，也有人捕猎其为食用及交易。而人类所引进的非洲化蜜蜂杀死正在孵卵的鹦鹉，估计蜜蜂占据了40%的巢居地。

黄马姆

也称“黄鳍连尾鮰”，是指分布在北美的几种美洲鲶鱼，身体矮胖。连尾鮰的特点是脊鳍很长，有些种类的连尾鮰脊鳍和毛鳍连在一起。胸鳍

怪物种名片

名称：黄马姆
类别：鱼类
特征：脊鳍很长
地点：北美洲
保护级别：濒危

上常有锯齿状的刺，刺的根部有毒腺，被它刺伤以后会产生疼痛。如今，连尾鮰主要分布于北美洲，是世界上22个珍稀物种之一。

伍德苏铁

伍德苏铁被列为野外灭绝物种。迄今为止，只在南非发现了一棵伍德苏铁。虽然当地人过度砍伐伍德苏铁以作为药用，加速了野生种群最后的消失，但该物种的灭绝可能是一个自然事件。

1916年，最后一棵伍德苏铁被移植到植物园，目前该植物不再存在被引入到野生环境的可能，因为仅现存的这棵植物是雄性。

图1图2：豹猫原产亚洲，现在仅能在美洲找到它们的踪迹，但数量已屈指可数。

豹猫

产于亚洲的猫科动物，许多台湾的地方民众则习惯称为“石虎”。豹猫的体型与家猫大致相仿。豹猫的毛皮也有很多种颜色：南方的豹猫多为黄色，而北方的则为银灰色。胸部及腹部是白色。豹猫的斑点一般为黑色。是夜行动物，通常以啮齿类、鸟类、鱼类、爬行类及小型哺乳动物为食。除了交配季节外，它们一般为独处。

由于人类的开发，野生豹猫除了得克萨斯州已经在全美国销声匿迹。这种难以捉摸的猫科动物在南美洲和中美洲的荒野还有活动的迹象，但对于它们具体的数量没有可靠的数据。

毛岛蜜雀

毛岛蜜雀是1973年由夏威夷大学的学生在茂宜岛海勒卡拉国家公园东北部海拔1980米的地方发现的。根据DNA的分析显示，它们属于一个古老的管舌鸟分支，其结构也与其他夏威夷的管舌鸟不同。根据化石记录，毛岛蜜雀只生活在茂宜岛的干旱部分，介于海拔275~1350米。发现时估计它们只剩下200只，每平方千米约有76只。至1985年，每平方千米就只剩下8只，可见在10年中其数量大幅下降。1980年，它们就已经在东边消失，只分布在哈那威的西部。2004年，多次的勘察都未能再次发现它们，但仍然将之列为濒危物种，有待更确实的资料才决定是否列为灭绝。

上图：毛岛蜜雀原生活于夏威夷，进入21世纪，人们已经难在夏威夷看到它们的踪影。

下图：加州秃鹰是北美濒临绝种的鸟类之一。但经过人工繁殖，现在数量已经达200多只。

加州秃鹰

这是北美鸟类中体型最为庞大的一种，重约10千克，翅膀长度约3米。它们可以飞到5000米的高空，每天可以飞200多千米找食物。这种来自座山雕家族的秃鹰靠食用动物的尸体及腐肉生存，被称为自然界的“清道夫”，是生态系统中非常重要的一个物种。

夏威夷鹅

夏威夷鹅又名“黄颈黑雁”或“黄额黄雁”，是夏威夷特有的一种雁，属雁形目，鸭科，与加拿大鹅有亲缘关系，是加拿大鹅迁徙到夏威夷以后进化而成的不会迁徙的陆

图1图2：夏威夷鹅又名黄颈黑雁或黄额黄雁，是夏威夷特有的一种雁，到1952年，夏威夷鹅只剩下屈指可数的30只。

怪物种名片

名称：狼獾

类别：动物

特征：既像熊又像貂

分布：中国

保护级别：一级

栖鹅。

夏威夷鹅的数量在1952年只剩下屈指可数的30只。人们不得不把它们捉进来饲养。然而放回野生地的雁却难于自我繁殖。

狼獾

也称“貂熊”，外形介于熊与貂之间，头大耳小，背部弯曲，四肢短健，弯而长的爪不能伸缩，尾毛蓬松。身体两侧有一浅棕色横带，从肩部开始至尾基汇合，状似“月牙”，故又有“月熊”之称。属于国家一级保护动物。

过去，貂熊还曾出现在美国南部地区，例如美国的加利福尼亚州等地。现在仅剩我国大兴安岭地区还有少量残存的种群，随着林区的大规模

上图和中图：狼獾曾生存于亚洲和美洲，现在仅存我国的200多只。

下图：奇里卡瓦豹蛙分布新墨西哥州地区，成年蛙估计尚存5000只。

开发，严重地侵吞和破坏了貂熊的生活环境，使它退缩到更靠近西部和北部的森林腹地，处于极度濒危状态。我国貂熊估计仅为200只左右。

怪物种名片

名称：北极熊
类别：动物
特征：全身白色
分布：北极
保护级别：易危

奇里卡瓦豹蛙

这种动物生活在沼泽地、低草地及池塘，常远离水域。豹蛙的蝌蚪吃水藻和其他水生植物，有时也吃死蝌蚪或其他更小的无脊椎动物。奇里卡瓦豹蛙吃它们能够捕捉到的东西，包括昆虫，无脊椎动物或小的脊椎动物，如老鼠和鱼，豹蛙的适应性非常强，食物来源也比较充足。

奇里卡瓦豹蛙尚存5000只。经研究发现，奇里卡瓦豹蛙的濒临灭绝与人类的活动有非常密切的关系，一般来说，化肥的普遍使用、被污染的空气、栖息地的减少以及酸雨等，都是奇里卡瓦豹蛙灭绝的原因。

北极熊

北极熊是世界上最大的陆地食肉动物，又名“白熊”。在冬季睡眠时刻到来之前，由于将脂肪大量积累，它们的体重可达1000千克。北极熊的

上图：北极熊主要生活在北极，由于地域关系和人类保护动物的意识加强，北极熊的生存比较稳定，现存2万余只。

视力和听力与人类相当，但它们的嗅觉极为灵敏，是犬类的7倍，运动时速可达60千米。目前生活在世界上的野生北极熊大约有20000多只，数量相对稳定。为了保护它们的生存，早在1972年，美国就颁布过法律，除了人类生存需要，禁止捕猎北极熊。2006年5月，世界自然保护联盟将其列为“濒危”，2011年降为“易危”。

红冠啄木鸟

红冠啄木鸟生活在松树林中，是一种很勤奋的小鸟，工作

右图：红冠啄木鸟生活在美国，现存1万余只。

怪物种名片

名称：红冠啄木鸟
类别：鸟类
特征：头顶为红色
分布：美国
保护级别：濒危

时在树干上不时地上下移动，它使用凿子一样的鸟喙撬开树皮，搜索里面的昆虫。

红冠啄木鸟最初分布于整个美国的东南部，1999年普查发现，它仅存于美国北南卡罗来纳州和佛罗里达州。估计数量仅12000多只。

海地沟齿鼩

其主要分布于古巴等加勒比海部分岛屿上。沟齿鼩的下颌具有锋利的牙齿，这一点不足为怪。但是，真正令人吃惊的是它在咬住猎物的时候会从锋利的牙齿中释放出致命的毒液，就像某些毒蛇一样。

这些毒液可以迅速让猎物瘫痪，不过它通常不会立即把猎物置于死地，而是把猎物保存起来等到饥饿时再享受美餐。沟齿鼩是一种夜间活动的小型哺乳动物，它们通常是吃香蕉树落下的叶子，有时也会吃腐烂的动物尸体以及一些昆虫，它是生态系统中至关重要的一个物种。沟齿鼩的外形有些像地鼠，皮毛呈棕褐色，口鼻部和猪非常相似。它最大的特点是长着一个细长的粉红色的尖鼻子，最长可达0.49米。

沟齿鼩非常善于挖洞，白天藏在地洞里，因此很少被人看见，夜间则出来捕食各种昆虫及其幼虫。

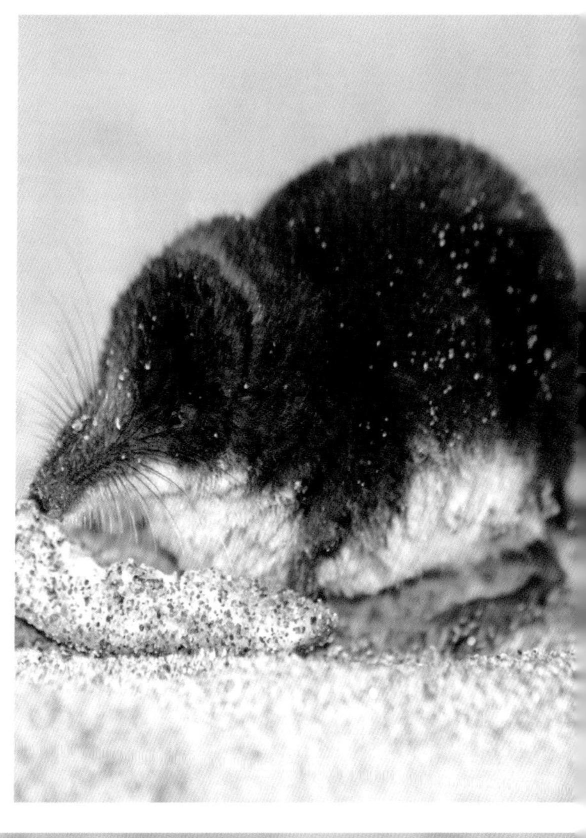

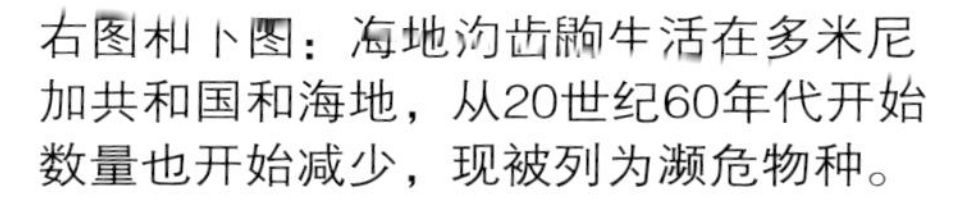
右图和下图：海地沟齿鼩生活在多米尼加共和国和海地，从20世纪60年代开始数量也开始减少，现被列为濒危物种。

Shi Er Fu Xian De Zhen Xi Dong Wu 失而复现的珍稀动物

朱鹮

由于朱鹮性格温顺，我国民间都把它看作是吉祥的象征，称为“吉祥之鸟”。1964年，我国研究人员在甘肃省捕获一只朱鹮以来，一直没有发现朱鹮的踪迹。

1978年，日本一只野生朱鹮在一个小岛上死亡，日本研究人员宣称这是世界上最后一只野生朱鹮。

1981年，我国的研究人员在陕西省汉中市洋县发现了7只野生朱鹮，

从而宣告在中国重新发现朱鹮野生种群，这也是世界上仅存的一个朱鹮野生种群。

此后，我国对朱鹮的保护和科学研究取得显著成果。目前，我国境内的野生朱鹮已近2000余只。

怪物种名片

名称：朱鹮
类别：鸟类
特征：长嘴、长腿、宽羽
分布：中国
保护级别：濒危

高贵、美丽的珍稀动物朱鹮

斑鳖

斑鳖是目前世界上最珍稀的一种巨型鳖类动物，在我国和越南的江河湖泊中，曾经生活着大量斑鳖。

斑鳖是一只巨大的软壳淡水龟，成年后体长超过一米，体重可达数百千克，寿命可达100岁以上。然而，由于河流受到污染，斑鳖在1980年左右就从天然水域中消失了。

2008年，美国研究人员在越南一条河流中发现野生斑鳖，当时它被洪水冲到堤坝上。当地人捕获了这只野生斑鳖，准备把它送到餐馆卖掉，幸

怪物种名片

名称：斑鳖
类别：动物
特征：软壳淡水龟
分布：中国、越南
保护级别：濒危

亏研究人员及时阻止了他们的行为，并将这只斑鳖放入到河流中。目前，饲养在人工湖泊或水塘中的斑鳖也只有3只，一只在越南的还剑湖里，另外两只在我国长沙和苏州的动物园里。

大嘴苇莺

自1867年在印度苏特莱杰河流域发现它们以来，大嘴苇莺便再也没有出现在人们的视线中。2006年，泰国研究人员在距离泰国曼谷大约3000千米的一处湿地里发现了大嘴苇莺，并捕捉到一只制作成标本。

经DNA检测，研究人员确认大嘴苇莺是一个新的物种。研究人员表示，大嘴苇莺可能在我国西南地区和东南亚多个国家都有栖息地，只是每个地区数量较少而很少被人们发现，而且容易和其他湿地鸟类混淆。虽然对这种鸟类知之

甚少，但科学家认为泰国发现的大嘴苇莺并不寻常。与泰国相比，这种鸟类在印度更为人们所知。

贝氏海燕

在巴布亚新几内亚的一些岛屿上，曾经生活着大量贝氏海燕。20世纪初，探险者和游客大量进入到这些岛屿，并带来了这里原本没有的老鼠和猫，它们大量捕获贝氏海燕巢穴中的巴布亚新几内亚鸟蛋和幼鸟，致使贝

怪物种名片

名称：贝氏海燕
类别：鸟类
特征：身体呈深褐色，腹部灰白，鼻子呈管状
分布：俾斯麦群岛
保护级别：濒危

氏海燕在20世纪20年代左右消失了。2009年，以色列鸟类学家哈多拉姆·什利哈在俾斯麦群岛上又发现了贝氏海燕，并拍摄了30多张照片。贝氏海燕身体呈深褐色，腹部灰白，鼻子呈管状。世界自然保护联盟将贝氏海燕列为极度濒危物种。这种海鸟的繁殖地具体方位仍旧是一个谜。

彩虹蟾蜍

1924年，研究人员在婆罗洲岛发现3只彩虹蟾蜍。它们是世界上色彩最绚丽的蟾蜍，也是一种世界上最罕见的蟾蜍。

此后，再也没有人发现过它们的踪迹。在过去的时间里，人

们对彩虹蟾蜍的认识仅限于插图介绍。研究人员一度以为这种漂亮的蟾蜍已经灭绝。

2011年，研究人员在东南亚的婆罗洲岛重新发现了3只彩虹蟾蜍。它们分别是一只雄性、一只雌性和一只幼仔。最新发现的彩虹蟾蜍身体长5.1厘米。

侏儒眼镜猴

侏儒眼镜猴是世界最小和珍奇的灵长目动物之一，昼伏夜出，以昆虫为食，全身茸毛，头部能够转动180度，大眼大耳，跟灵长目不同的是有爪，无指甲。1921年，当最后一只侏儒眼镜猴被制成标本收藏在博物馆后，人们就再也没有看到过这种动物。

因此，科学家认为侏儒眼镜猴可能已经灭绝了。

2000年，印尼多名科学家在苏拉威西岛的高山上进行鼠类考察时，意外地捉到一只侏儒眼镜猴，可惜这只眼镜猴踩中陷阱，重伤丧命。2008年，研究人员在印度尼西亚茂密山林中又捕捉到两只雄性和一只雌性侏儒眼镜猴，并给它们佩戴无线电子发射跟踪脚环，对它们的生活进行研究。

怪物种名片

名称：侏儒眼镜猴
类别：动物
特征：身体矮小、眼睛大
分布：印度尼西亚
保护级别：濒危

装甲雾蛙

装甲雾蛙曾经在澳大利亚西北部雨林中的溪流里广泛生活。然而，随着全球气候变暖，对两栖动物有严重危害的壶菌在澳大利亚雨林的溪流中繁殖速度加快，壶菌病开始在这片地区的蛙群中爆发，各种蛙类迅速减少，最为脆弱的装甲雾蛙从1991年开始一度消失，人们以为它们灭绝了。

2008年，有人发现了几只已经冻结的装甲雾蛙。虽然没有发现活的装甲雾蛙，但是研究人员认为野生的装甲雾蛙仍然存在。装甲雾蛙身体呈浅褐色，因它们身上布满如同铠甲的深褐色斑点而得名。

象牙喙啄木鸟

象牙喙啄木鸟是北美洲最大的啄木鸟，高约0.5米，翼展约0.84米，眼睛呈黄色，羽毛为有白色图案的亮黑色，翅膀收起来时，白斑看来像人的脚跟。

1944年，研究人员在美国的一片树林里观察象牙喙啄木鸟。此后60年的时间里，象牙喙啄木鸟消失了，被列入灭绝物种名单。2005年4月，一位观鸟者划着小船在美国阿肯色州一片沼泽地里发现了一只象牙喙啄木鸟。

此后，30名鸟类学家进入这

怪物种名片

名称：象牙喙啄木鸟
类别：鸟类动物
特征：长着一只象牙般的大嘴
分布：美国
保护级别：濒危

片沼泽地观察，发现了多只象牙喙啄木鸟，并拍摄下录像。

目前，这片地区成了象牙喙啄木鸟保护区。象牙喙啄木鸟因为长着一只象牙般的大嘴而得名，是全世界体形最大的啄木鸟之一。

阿拉干森林龟

1908年，缅甸和美国研究人员在缅甸一些森林里发现一种奇特的阿拉干森林龟。当地人称之为“犀牛粪龟”，因为这种龟主要以犀牛的粪便为食。然而，1960年左右，缅甸境内的野生犀牛全部灭绝，以犀牛粪便为食的阿拉干森林龟也很快消失在人们的视野之外，随后出现在灭绝动物的名单上。

2009年，研究人员在缅甸一个大象保护区内偶然发现了两只野生的阿拉干森林龟。目前，这种乌龟已经改变了饮食习惯，主要以大象等食草性

哺乳动物的粪便为食。

包括阿拉干森林龟在内的很多亚洲龟都是颇受人们喜欢的美食，但在人类餐桌丰盛的同时，它们也无可奈何地走向灭绝之路。

米勒灰叶猴

这种动物一度生活在印尼的苏门答腊岛和爪哇岛以及马来半岛。2005年，科学家曾进行一次野外考察，但并没有发现这种珍稀灵长类动物的任何痕迹，经过随后几年的火灾、农业耕种和采矿，科学家一度认定米勒灰叶猴已经灭绝。2011年6月，科学家在印度尼西亚丛林意外发现了一度被认为已经灭绝的珍稀动物——米勒灰叶猴。

Shi Jie Shang
Zui Shen Qi
De Shu

世界上
最神奇的树

妇女树

20世纪初，有一位名叫罗利斯·莱乔里的意大利植物学家到南美洲去考察，在印第安人居住的地方发现一棵奇异的树，形状非常奇怪，酷似人体的一根胫骨。株高约4米多，树干的直径为42厘米。

这种树的神奇之处就是结出的果实就像是裸体女子的雕刻艺术品。罗利斯把这棵树命名为“妇女树”，他认为“妇女树”大概是土著居民从密林中其他同类树上切树芽移植到居留地，经过精心培育而

怪物种名片

名称：妇女树
类别：植物
特征：结的果实就像裸体女性
分布：美洲
保护级别：濒危

成活的。

为了证实这一设想，罗利斯在森林中徒步跋涉500 多千米，终于发现了两样同类的“妇女树”，并证实这种树非常稀有，濒于绝种。这种奇树已引起了植物界强烈的反应，但它特异的生理机能至今却仍然是不解之谜。这种树果实内部呈现红褐色，味道酸甜，一般当地人出于敬畏不会食用这种果实，而是将它风干，作为避邪用品出售给游客。

一树生八“子”

四川省平武县南坮乡茅湾林场有一棵一“母”生八“子”的怪树。主干是春芽树，树径约0.7米，高约18 米。在树干3 米处长着一株漆树，再往上是野樱桃、铁灯塔、红构树、林夫树、金银花、野葡萄和悬钩子树，就像8个子女一般。每到开花季节，红、

黄、白、紫、蓝，五彩缤纷的花朵缀满树冠，呈现奇特的景象。据当地人讲，此树至少有120年树龄。有关部门曾多次考察此树的成因，但至今无结果。

夫妻树

我国云南省素有“植物王国”的美称，那里生长着各种奇花异木。在江城县有一种非常奇特的“夫妻树”，开始是两棵稍微分开的小树，一年后它们便紧紧靠一起而形成“人”字形，长成一棵完整的树，所以人们叫它“夫妻树”。有趣的是，这种树不能单独生长。若是把它们稍微分开栽，便会慢慢靠在一起长成一棵树；如果单独栽一棵，就很难成活。这种树枝小而茂密，开紫红色的花，花香宜人，是装点公园的稀有树种。

怪物种名片

名称：夫妻树
类别：植物
特征：两棵树长在一起就像夫妻生死不离
分布：中国云南、四川
保护级别：一级

更奇的是，在我国四川省石柱土家族自治县洗新乡添坪村境内，生长有一棵共生不同春的“夫妻树”，株高30多米，干径1米，冠盖面积约60平方米。这棵树分为两叉，一公一母。单年，母树树叶茂盛，而公树却光秃秃不长绿叶；双年，公树发叶成荫，母树则不生绿叶，真是一棵罕见的奇树。

怪物种名片

名称：枣树
类别：植物
特征：结不同形状的果实
地点：中国山东
保护级别：一级

结奇枣的树

在我国山东省夏津县后屯乡，有一棵远近闻名的大枣树，到结枣时节，竟结得满树不同形状的枣子，实为罕见。这棵枣树种于唐朝末年，有千年之久了。曾经创下一年产枣 850千克的纪录。每年七八月间，树上都能长出圆柱形、纺锤形、鸡蛋形、葫芦形甚至四棱形的不同形状的枣子。这些枣有的个大肉多，有的甜脆爽口，有的则是甜中含酸。

大枣树何以能结出这么多不同形状的枣子，科研工作者认为可能是枣树经受雷击之后而导致遗传基因变异的结果。

Shi Jie Shang
Zui Shen Qi
De Hua

世界上最神奇的花

树上的郁金香

鹅掌楸，我国特有的珍稀植物，鹅掌楸为木兰科鹅掌楸属落叶大乔木。叶大，形似马褂，故有马褂木之称。树高可达60米以上，胸径3米左右，树干通直光滑。它生长快，耐旱，对病虫害抗性极强。花大而美丽，为世界珍贵树种之一，17世纪从北美引种到英国，其黄色花朵形似杯状的郁金香，故欧洲人称之为“郁金香树”，是城市中极佳的行道树、庭荫树种，无论丛植、列植

怪物种名片

名称：鹅掌楸
类别：植物
特征：树上开郁金香花
分布：中国
保护级别：二级

上图：花朵鲜艳、硕大的大王花花朵。

右图：大王花会散发出刺激性腐臭气味。

或片植于草坪、公园入口处，均有独特的景观效果，对有害气体的抗性较强，也是工矿区绿化的优良树种之一。

最大的花

在印度尼西亚苏门答腊的热带森林里，生长着一种十分奇特的植物，它的名字叫“大王花”，号称世界第一大花。这种寄生性植物有着植物世界最大的花朵，它一生中只开一朵花，花朵最大的直径可达1.4米，重10千克。

大花草肉质多，颜色五彩斑斓，上面的斑点使其看上去如青春期孩子们一张长满粉刺的脸。这种植物不仅花朵巨大，还有个奇特的地方就是它无茎、无叶、无根。它会散发具有刺激性腐臭气味，可以吸引逐臭昆虫来为它传粉。

最耐冷的花

雪莲通常生长在高山雪线以下，是一种高山稀有的名贵药用植物，因此保护雪莲种质资源，无论在科学上、医药学上还是从观赏上都有重要意义。

雪莲的种子在0℃左右能发芽，3℃至5℃生长。幼苗能经受零下21℃的严寒。在生长期不到两个月的环境里，高度却能超过其他植物的5~7倍。它虽然要5年才能开花，但其实际生长天数只有8个月。这在生物学上也是相当独特的。

雪莲在我国分布于西北的高寒山地。是一种高疗效药用植物。由于过度采挖，种子发芽率低，繁殖困难，生长缓慢，将有灭绝的危险。

长在石头上的花

生石花又名“石头花”，形如彩石，色彩丰富，娇小玲珑，享有“有生命的石头”的美称。因其形态独特，色彩斑斓，成为很受欢迎的观赏植物。生石花原产非洲南部，若非雨季生长开花，在原产地的砾石中，生石花是很难被发现的，这是它为了防止小动物掠食而形成的自我保护天性，称为“拟态”。

生石花茎呈球状，依品种不同，其顶面色彩和花纹各异，但外形很像卵石。秋季开大型黄色或白色花，状似小菊花。

最高的花

巨花魔芋的花序可以高达3米以上，高度比一个人的身高还高。因为巨花魔芋在开花的时候会散发一股类似尸臭的味道，因此又有“尸花”的别名。尸花所属大戟科植物的起源要追溯至一亿年前的白垩纪，那也是恐龙生活的最后年代。开花类植物被认为就是在那时开始出现。

研究者们推论出，经过大约4600万年的进化，尸花所开的花的外形尺寸已经增大了79倍，现在其进化的速度已经减慢。

上图：形状如彩色石头的奇怪花朵——生石花。
下图：花序高达3米的体型巨大的花儿——魔芋花。

Jie Kai
Huang Hou Zao Mei
Zhi Mi

揭开
黄喉噪鹛之谜

发现黄喉噪鹛的经过

1923年，黄喉噪鹛在我国的江西省婺源被发现，但仅有的那一只标本被发现者带到了美国。在此以后70年里，婺源没有了黄喉噪鹛的踪影。

1956年，中苏联合科考队在云南省思茅也发现了黄喉噪鹛，3只标本有两只远走俄罗斯，一只留在我国。人们再去思茅寻找黄喉噪鹛时，却一无所获。以人们对鸟类的认识，像黄喉噪鹛这样不做长距离

怪物种名片

名称：黄喉噪鹛
类别：鸟类
特征：黑色的眼罩和鲜黄色的喉
分布：亚洲地区
保护等级：濒危

迁徙的鸟，数量稀少又分布在相距遥远、互不连接的几个区域，应是经过了漫长的地质、气候变迁，被逐渐分割并演化为不同的亚种，可以判断它是孑遗物种并濒临灭绝。

其实，黄喉噪鹛可能从来没有离开过婺源，只是鸟类学家难得常去那么偏远的地方，也难免不与它擦肩而过。而婺源老乡看到黄喉噪鹛，顶多发声“多漂亮”的感叹，不会关心它是否正折磨着鸟学界。

1992年，有个绰号“小板鸭”的婺源青年，无意中打下一只黄喉噪鹛，送给了一位老师做成标本。标本辗转送人不知去向，所幸留下了照片。

1992年底，国家濒危物种科学委员会收到一份发自德国的信件，称在从中国进口的画眉鸟中，混有黄喉噪鹛，同时转来的还有一幅黄喉噪鹛俏立枝头的彩色照片。这一发现，说明1992年婺源境内还有野生黄喉噪鹛存在。

黄喉噪鹛重现人间

1996年12月，野生动物保护管理局有关人员组成一个调查组，深入婺源山区进行野外考察，几年过去了，始终没有发现黄喉噪鹛踪迹。但调查组的考察工作一直没有停止。

功夫不负有心人。2000年5月24日，奇迹出现了，调查组成员在自然保护区进行野外考察时，意外发现一群体态轻盈俏丽、鸣声奇特悦耳的黄喉噪鹛，调查组一行欣喜若狂，拿起相机一连拍了好几卷胶卷。

获取黄喉噪鹛的信息

为了掌握黄喉噪鹛的生活繁殖习性，调查组一行起早贪黑，隐蔽在灌丛中，轮流蹲点观察，饿了吃干粮，渴了饮山泉。

经过3年仔细观察，他们发现：黄喉噪鹛选择的栖息地多为常绿阔叶林地带，鸟巢一般筑在枝叶繁茂的大树上，而且搭得较高，最低离地面5米以上，一对一个巢，每对一年只孵一次。10多天孵出，一般2只至4只，两周后小黄喉噪鹛就能自行觅食了。黄喉噪鹛喜食昆虫，也吃蚯蚓、野生草莓、野杉树树籽等。调查组的专家还发现，黄喉噪鹛特别喜欢洗澡，每

天上午10时和下午4时左右，除了暴风雨天气外，这种鸟总要坚持到河边流动浅水里戏水，沾一下清水，扇动几下羽毛。

黄喉噪鹛重现，引起了国内外自然保护组织的关注。2001年4月，德国的动物物种与种群保护协会主席专程的赴婺源实地考察黄喉噪鹛，并无偿提供专项保护资金。

随着该县生态环境的不断改善，黄喉噪鹛的生活繁殖栖息地也在不断扩大。截至目前，该县先后共发现了6处近200只黄喉噪鹛，最多一群有50多只。

Ao Zhou Shi Da Zui Du Dong Wu | 澳洲十大最毒动物

石鱼

这种鱼也许是世界上最毒的鱼类。它们以小鱼小虾为食，但是它身上致命的毒刺并不是用来捕食的，而是保护自己的一种手段。其背上的13根毒刺是为了保护自己不要成为鲨鱼等海洋动物的猎物。

石鱼因其外表而得名，它们很善于伪装，一旦踩上它们，13根尖锐的背刺会穿透鞋底刺入脚掌，产生剧烈疼痛和严重的肿胀，并使组织坏死，最后造成截肢或死亡。

蓝环章鱼

这种章鱼十分美丽，但在美丽的外表下却隐藏剧毒。蓝环章鱼目前仅发现于澳大利亚南部海域。腕足上有美丽的蓝色环节，遇到危险时，身上和爪上深色的环就会发出耀眼的蓝光，向对方发出警告信号。

蓝环章鱼能够产生河豚毒素，而且蓝环章鱼是已知生物中唯一除河豚外能产生河豚毒素的生物。河豚毒素对中枢神经和神经末梢有麻痹作用，只要0.5毫克即可致人中毒死亡。

一只这种章鱼的毒液，足以使10个人丧生，严重者被咬后几分钟就会毙命，目前还未有有效的药物来预防它。

怪物种名片

名称：蓝环章鱼
类别：海洋生物
特征：美丽但有剧毒
分布：澳大利亚
保护级别：二级

鸭嘴兽

鸭嘴兽是澳洲特有的珍贵稀有动物。鸭嘴兽憨态可掬，鸭子一样的嘴巴和带蹼的脚掌使鸭嘴兽显得很讨人喜欢。但是鸭嘴兽是世界上目前发现的唯一一种有毒哺乳动物。雄性鸭嘴

身藏剧毒的章鱼——蓝环章鱼

兽后足有刺，内存毒汁，几乎与蛇毒相近，人若刺伤中毒，立即引起剧痛，以至数月才能恢复，但不会致命。

雌性鸭嘴兽出生时也有毒刺，但在长到0.3米时就消失了。鸭嘴兽生长在河，溪的岸边，大多时间都在水里，其皮毛有油脂能保持它身体在较冷的水中仍保持温暖。在水中游泳时它是闭着眼的，靠电信号及其触觉敏感的鸭嘴寻找在河床底的食物。

海蛇

海蛇的身体扁平，尾呈桨状，适于水生生活。尽管外形看起来像鳗鱼，但是海蛇并没有腮，而是通过鼻孔呼吸。海蛇喜欢在大陆架和海岛周围的浅水中栖息，海蛇能够在水底下潜很长时间，因为它们的肺足有身体那么长，而且能够通过皮肤进行呼吸。

海蛇咬人无疼痛感，其毒性发作又有一段潜伏期，被海蛇咬伤后30分钟甚至3小时内都没有明显中毒症状，然而这很危险，容易使人麻痹大意。实际海蛇毒被人体吸收非常快，中毒后最先感到的是肌肉无力、酸痛，眼睑下垂，颌部强直，有点像破伤风的症状，能导致呼吸麻痹，同时心脏和肾脏也会受到严重损伤。被咬伤的人可能在几小时至几天内死亡。但多数海蛇是在受到骚扰时才伤人。

箱形水母

澳大利亚箱形水母是十分好看的海洋生物。箱形水母是一种淡蓝色的透明水母，形状像个箱子，有4个明显的侧面。

据澳大利亚海洋科学研究院科研人员表示，箱式水母有大约15条触须，每条触须上布满了储存毒液

怪物种名片

名称：箱形水母
类别：海洋生物
特征：淡蓝色，像箱子
地点：澳大利亚
发现时间：二级

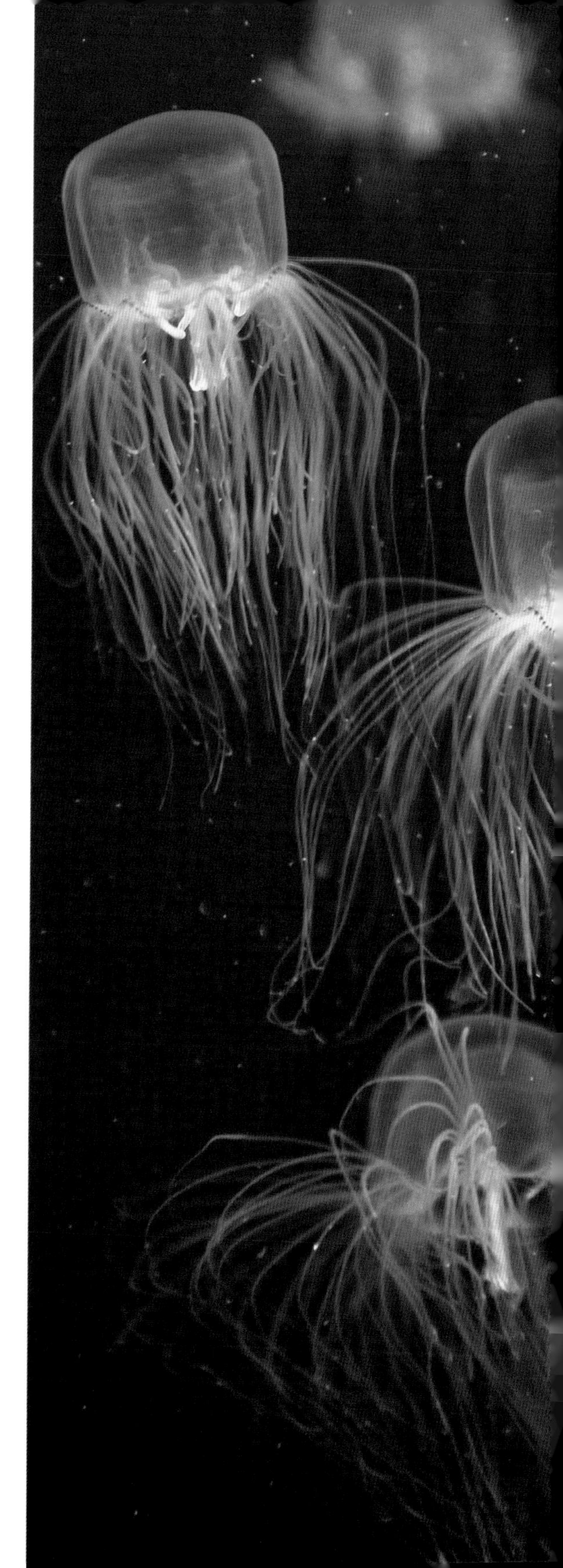

的刺细胞。人一旦被触须刺中，3分钟之内就会死亡。澳大利亚箱形水母是世界上毒性最强的水母，也是世界上最毒的海洋生物之一。箱形水母以小鱼和甲壳纲动物为食，它们剧毒毒液能够使猎物瞬间毙命。

一旦被箱形水母的触须刺到，除非立即救治，否则很难活命。因为箱形水母的毒液会使人剧痛难忍，陷入昏迷无法游回到安全地区。

悉尼漏斗网蜘蛛

这是一种黑得发亮的剧毒蜘蛛。所有的蜘蛛都有毒性，只是毒性大小不同。比较著名的毒蜘蛛，如美国的黑寡妇蜘蛛、隐士蜘蛛，美国西北部的太平洋海岸的流浪汉蜘蛛，但这些蜘蛛都不比悉尼漏斗网蜘蛛来得致命和危险。然而更可怕的是悉尼漏斗网蜘蛛经常出现在城市里。悉尼漏斗网蜘蛛原产于澳洲东岸，这种易怒的生物堪称世界上攻击性最强的蜘蛛，它的一次蛰咬可在不到一小时内杀死一名成年人。漏斗网蜘蛛释放毒液的器官是一对强劲有力足以穿透皮靴的尖牙。

怪物种名片

名称：悉尼漏斗网蜘蛛
类别：动物
特征：黑色，剧毒
分布：澳大利亚
保护级别：二级

成体的体长可达6～8厘米，尖牙长度可达1.3厘米，发起袭击时毒牙向下像匕首一样向下猛刺，因此漏斗网蜘蛛要昂首立起，才能露出毒牙向下猛咬。

人被蜇咬后数分钟内即可感受到超强毒性的影响，漏斗网蜘蛛的毒液会迅速蔓延，患者会产生痉挛性的瘫痪，最后会陷入昏迷状态。毒素会侵袭呼吸中枢，致使患者最终窒息而死。数十年来，澳洲人对这种剧毒蜘蛛的恐惧始终不减，但在1981年，人们经过10多年的研究之后终于制造出一种抗毒剂，拯救了数百条人命。

怪物种名片

名称：棕蛇
类别：动物
特征：剧毒
分布：澳大利亚
保护级别：二级

棕蛇

棕蛇发现于澳洲大陆，按毒液毒性排名是世界上第二大毒蛇。其不仅能够产生剧毒毒液，还极富攻击性，遭遇挑衅后这种毒蛇能够发动反复攻击。这种毒蛇有深褐色、橘黄色、黑色，腹部是白色。

棕蛇用毒液攻击猎物，有力地缠绕能够使猎物窒息。它们以蜥蜴、青蛙和小型哺乳动物为食。棕蛇有剧毒毒液，含有拮抗血液凝结的成分，因此一旦被棕蛇咬伤，就会有大出血的危险。

太攀蛇

太攀蛇分布于澳洲北部、新几内亚，栖息于树林、林地，以小哺乳动物为食，体长约两米。太攀蛇是陆地上最毒、连续攻击速度最快的蛇，其攻击速度之快让你都看不见，它一次释放的烈性毒素约有110毫克，能杀死100个成年人、50万只老鼠。

这种蛇与其他蛇不同，一般的蛇攻击时都会咬着猎物不放，而将毒液注入，但太攀蛇只要咬一口就能将毒液注入，所以太攀蛇会先咬一口，就会立即后退看看情况如何。等到猎物倒下，它就会上前将其吃掉。一旦被太攀蛇咬到后，受害者血液并不会凝固，但受害者的七孔会些微出血，再过一会儿，受害者会看见四周的事物出现重叠影像，之后全身机能会慢慢衰竭，导致瘫痪窒息而死。

怪物种名片

名称：太攀蛇
类别：动物
特征：剧毒
分布：澳洲北部、新几内亚
保护级别：二级

拟眼镜蛇

分布在澳洲中部、东部、北部以及新几内亚，栖居在干燥的森林、林地、草原及干燥的灌丛林中。这种蛇的分布极为广泛，在多种不同类型的栖地中都可发现，出没时间可能在白天，也可能在晚上。

这种蛇十分危险，澳洲大多数的因蛇致死事件几乎都与本种脱不了关系。这种蛇一旦受到威胁，就会积极反击，首先会将身体前端抬高并弯绕成“S”型、撑平颈部，张开嘴巴，然后迅速猛烈攻击。不过拟眼镜蛇的咬击只有一半带有毒素，对于伤口而言威力较其他毒蛇稍为轻微。被咬后伤者可能很快发生休克，而且此毒素最显著的效果是令伤者出现凝血异常，产生蛇毒引致播散性血管内凝血（DIC），严重者可导致死亡。

怪物种名片

名称：红背蜘蛛
类别：动物
特征：背部为红色，剧毒
地点：澳大利亚
保护级别：二级

红背蜘蛛

红背蜘蛛是澳大利亚特有的剧毒蜘蛛之一，它的原名叫黑寡妇蜘蛛，个头小但毒性大，因其背部有一红色条斑而得名。在澳大利亚特别是乡村地区，每年都有被红背蜘蛛咬伤致命的案例传出。红背蜘蛛比较喜欢乡村或市郊草木比较繁茂又不太潮湿的地方。被红背蜘蛛叮咬后，开始时很难被察觉，5分钟后伤口才开始发热发痛，3个小时左右开始大发作，大量盗汗，肌肉无力、恶心、呕吐、耳鸣、心跳加速或不规则跳动、发烧、痉挛等症状，不及时处理可导致死亡。 不过在其攻击案例中约95%都不会产生严重后果，然而如果不幸被一只红背蜘蛛蜘蛛咬中皮肤较薄的部位，无疑会被极度的疼痛所折磨。

Shi Jie Jin Nian Fa Xian Xin Wu Zhong 世界近年发现新物种

地下蜗牛

2009年，一个由美国国家地理学会资助的科研小组经过4年的调查，在澳大利亚的地下王国中发现850种新物种，其中包括小型甲壳类、蜘蛛和蚯蚓在内的低等动物，身长约1.3厘米的地下蜗牛便是其中之一。

新发现的地下蜗牛物种是钉螺家族成员，生活在澳大利亚心脏地带的地下蓄水层，居住地位于艾丽斯·斯普林斯西北部大约180千米。

黄色染色工雨蛙

在巴拿马西部山区中，研究人员发现了一种新的亮黄色青蛙物种，它属于一个种类丰富的青蛙群——雨蛙，它们没有蝌蚪阶段，直接在卵内发育成小青蛙。这种青蛙大小不到2厘米，是2010年爬行动物和两栖动物专家和同事们实地考察巴拿马西部重点

上图：地下蜗牛为钉螺家族成员，生活在澳大利亚。

下图：黄色染色工雨蛙，身体为黄色，生活在巴拿马西部。

考察地区时发现的。当时，研究人员发现这种蛙的雄性交配鸣叫不同于他们以前听到的所有鸣叫，因而怀疑它是新物种，经过更多努力才最后确定它在茂密植被中的位置。当终于捕捉到第一只时，却发现它将捕捉它的人的手指染成了黄色，于是就以这一特点将它命名为黄色染色工雨蛙。

为了确证它是新物种，生物学家研究了它们的身体结构、颜色、分子遗传数据和发声法，并与密切相关物种的数据进行比较。

另外，考虑到黄色颜色可能有毒的可能性，研究人员还进行了皮肤分泌物分析，从中找不到任何有毒成分，也不能确定颜色是否是有益于捕食性防御。也许，颜色只是容易清洗，没有特定功能。然而，新物种的这种特性仍难以理解。

用手走路的鱼

2010年5月，澳大利亚海岸发现9种新手鱼，包括“粉红手鱼”和“黄鳍长手鱼”， 手鱼是通过形状像手的鳍在海底快速行走。但是，它们可能不会存活太久，手鱼极易受环境的影响，如水温和污染，因此，它们正快

怪物种名片

名称：粉红手鱼
类别：鱼类
特征：用形状像手的鳍在海底行走
分布：澳大利亚
保护级别：一级

速消失。这条粉红色长手鱼身长约10厘米，是一种非常罕见的鱼类，迄今为止只发现4条，均是在澳大利亚塔斯马尼亚岛的霍巴特周围区域捕获的。

在树上生活的人类

2010年5月，科学家在南非地区发现了一种身高在0.9米且在树上生活的新人类，即“树居人”。树居人的牙齿很大，用来咀嚼植物，可能他们在树上活动是为了躲避食肉动物。

树居人出现在200万年前，约在60万年前灭绝。树居人这一人种，被认为是目前所知的，世界上最早的人类。

瓢虫新物种

2012年10月，科学家称他们发现了一种可将自己头部像乌龟一样缩回身体内部的瓢虫新物种。据了解，该新物种是由一名来自美国蒙大拿州立大学往届昆虫学毕业生罗斯·温顿发现的。这只昆虫被他在蒙大拿州西南部沙丘上所设的圈套中捕获，起初温顿还以为这只小巧古铜色的昆虫仅是

一只无头的蚂蚁或是臭虫。

但是，经过检查发现，这只身长仅0.1厘米的昆虫竟是一只雄性瓢虫，并且它并不是没有头部，而是头部缩在了其胸腔内的一根管状物内，就像是乌龟将头部后半部分缩进龟壳中一样。

怪物种名片

名称：藤蛇
类别：蛇类
特征：身体和脖子细长
分布：墨西哥和阿根廷地区
保护级别：濒危

藤蛇新物种

2012年11月，动物学博物馆的奥马尔·托雷斯·卡瓦哈尔领导的动物学家团队，在厄瓜多尔西北部的一处森林中，新发现了一种头部略带钝感的藤蛇新物种。

据了解，这种头部略带钝感的藤蛇居住在墨西哥和阿根廷地区，与其他蛇类不同，它们的身体极其瘦长，脖子很苗条，不成比例，并且眼睛较大，头部略带钝感。

这种蛇一般栖息在树上，都是夜间捕食青蛙和蜥蜴。

怪物种名片

名称：扁形虫
类别：动物
特征：有60只眼睛
分布：英国
保护级别：一级

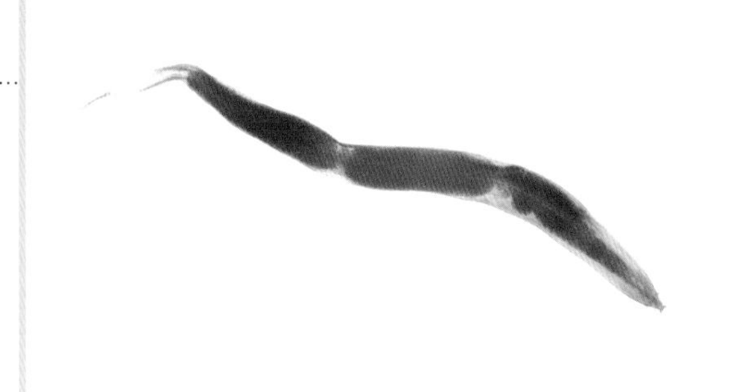

六十只眼睛的新物种

2012年7月，科学家在英国剑桥郡发现一种独特的扁形虫新物种，它拥有着澳洲血统，迄今发现最为奇特的生物之一，这个独特的动物拥有60只眼睛，都塞进仅有1.2厘米长的身体中。这种扁形虫生物生存于剑桥郡一处自然保护区草地，是由贝德福德郡、剑桥郡和北安普敦郡野生动物联合基金会首席执行官布莱恩·伊甫斯罕发现的。

章鱼新物种

2007年7月，澳大利亚墨尔本大学科学家们发现4个南极新章鱼物种，这些章鱼身上所携带的防冻毒液能够保证它们在零度以下的南极海域中生

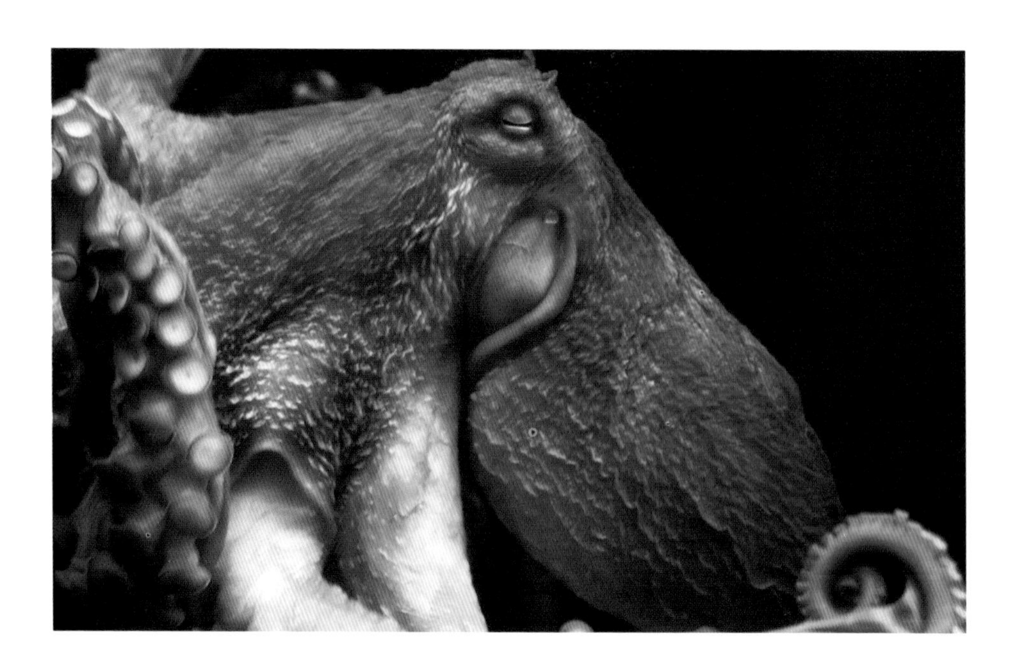

存。长期以来，科学家们一直都知道南极地区有章鱼生存，但是，令科学家们惊讶的是，当地章鱼物种的多样性以及它们所携带毒液的防冻特点。对于这种毒液，科学家们还希望发现其药用价值。

狐猴新物种

2010年12月，在马达加斯加发现了一种有趣的叉斑狐猴。这种不停“点头”的狐猴很有可能是狐猴的一个新物种。这种动物的头部不停地上下晃动，就好像在点头一样，另外它们还有一副大嗓门。目前已知的叉斑狐猴根据身上颜色的不同分为4个物种，而所有叉斑狐猴的共同点是头上都有黑色Y型线条，两条黑线从眼睛上方开始，一直延伸至头顶的位置相交，形成了一个“Y”型。

怪物种名片

名称：狐猴
类别：动物
特征：头部不停地上下晃动
分布：马达加斯加
保护级别：一级

Wo Guo Jin Nian Fa Xian Xin Wu Zhong 我国近年发现新物种

怪物种名片

名称：天门山杜鹃
类别：鸟类
特征：身体为绿色
分布：中国湖南
保护级别：一级

天门山杜鹃

天门山杜鹃是湖南省森林植物园、中南林业科技大学、天门山国家森林公园于2006年合作研究发现，并用“天门山”命名的植物新种——天门山杜鹃。

它与雪山杜鹃相似，但又有很大差异。属于常绿杜鹃组、大理杜鹃花组，是在湖南的首次出现。

北京宽耳蝠

2007年，华东师范大学生命科学学院教授张树义与中国科学院动物研究所博士研究生张劲硕、韩乃坚和一些外国摄影是在洞穴内摄影，突然发现了一群不同的蝙蝠，便带回了研究所，确定了一个哺乳动物纲翼手目新种，并将其命名为北京宽耳蝠。

该成果发表在《哺乳动物学杂志》上。这是迄今为止唯一以北京命名的兽类，也是第一种由中国人命名的蝙蝠。

据统计，中国人迄今为止命名

并得到国际承认的哺乳动物只有10余种，而其中部分种类目前还存在争议。在发现和命名北京宽耳蝠之前，在全世界被发现的1100多种蝙蝠中，还没有中国人命名的种类。

草原鼠兔

据新疆维吾尔自治区治蝗灭鼠指挥部高级农艺师沙依拉吾介绍，2008年9月4日，他们在克拉玛依市郊的加依尔山区进行鼠类调查时，在海拔1533米的圆柏灌木丛中意外捕获两只陌生的老鼠标本。

一只为当年出生的雄性个体，一只为越冬的雌性个体。返回乌鲁木齐市后，相关人员立即将标本送到了自治区疾病预防控制中心进行相关鉴定。经几位专家半年多的研究鉴定，两只老鼠为草原鼠兔，是我国首次发现的物种。

最早记录我国境内分布有草原鼠兔的是一位俄罗斯学者。这次发现说明，草原

喜欢储
藏粮食的
鼠兔

鼠兔分布可能遍及新疆维吾尔自治区塔城地区的山地，只是数量稀少，不易发现。

草原鼠兔属兔目动物，鼠兔科，原产阿富汗，我国内蒙古、甘肃、青海、西藏等省区分布有多种草原鼠兔的近亲。草原鼠兔一般体型较小，在亚洲栖息于海拔1200米至5100米之间。挖洞或利用天然石缝隙群栖。白天活动，常发出尖叫声，以短距离跳跃的方式跑动。不冬眠，多数有储备食物的习惯。

特有物种亚克蜥

2010年2月中旬，在我国新疆准噶尔盆地以北的古尔班通古特沙漠，人们发现一种新型动物，科学家们根据其叫声，将其命名为“亚克蜥”。

每年春节前一天晚上，亚克蜥会大批聚集到额尔齐斯河边，捕食岸上的死鱼、河蟹、青蛙、草里马尸体等。他们成群结队，肤色变得五颜六色，集体发出类似“亚克西，亚克西呀”的叫声。

在严酷的冬天，别的动物都在冬眠，它们却外出尖叫觅食，的确是生物界里一种独特的物种。

最为独特的是，亚克蜥会随环境而变色，如果把它放在红色旗帜旁

边，它会变得通体火红。如果放在自然环境，又会变成彩虹色彩，在自然界里非常显眼。在自然环境中这种颜色明显不利于躲避天敌，科学家们推测，这种蜥要么本身有毒，没有天敌；要么就是头部生化活动较弱，不会随着时间而进化。科学家们认为这大概就是这个物种目前只生存于我国某些地区的原因。

轮叶三棱栎

2012年1月中旬，华南农业大学、香港嘉道理农场暨植物园、海南省鹦哥岭自然保护区专家和科研工作者40多人，深入到海南鹦哥岭核心区马或岭一带原始热带雨林，进行了为期一周的科学考察。科考人员在这里意外发现轮叶三棱栎大群落种群，有些植株直径达一米以上，十分罕见。三棱栎进化特征较独特，有一定科学研究价值。

鹦哥岭在海拔1000米以上，具有较大面积的台地和人为破坏较少可能是该种群得以幸存的重要因素。

鹦哥岭山脉位于海南岛白沙、乐东、琼中、五指山四市县交界处的中南部地区，野生动植物资源十分丰富。

中华攀雀

2012年5月，辽宁省庄河北部山区发现一个新的物种——中华攀雀，中华攀雀是山雀科攀雀属的小型鸟类。该物种已被列入国家林业局2000年8月1日发布的《国家保护的有益的或者有重要经济、科学研究价值的陆生野生动物名录》，分布于俄罗斯的极东部及我国东北，迁徙至日本、朝鲜和我国东部。

中华攀雀一般栖息于近水的苇丛和柳、桦、杨等阔叶树间，主要以昆虫为食，也吃植物的叶、花、芽、花粉和汁液。捕获猎物的方式和一般山雀相同。

值得注意的是，中华攀雀被称为鸟类建筑大师，是鸟类中的能工巧匠，筑巢技艺令人叫绝，它的吊巢不需要任何支撑点，整个巢穴凌空系在树梢头，悠悠地在空中晃荡。

在庞大的鸟类社会里，攀雀种类非常少，即使算上所有的亚种，也只有白冠攀雀、中华攀雀、欧洲攀雀等10余种。